내 맘대로 안 되는 딸 당당한 리더로 키우는 법

내 맘대로 안 되는 딸

당당한 리더로 키우는 법*

| 가와이 미치코 지음 | 송수영 옮김 |

이아소

'떼쟁이 딸'과 '지친 엄마'를 위한 특별 처방전

당신은 첫아이 육아에 쩔쩔매다 이 책을 손에 드셨습니까? 아니면 첫째가 아들이고, 둘째가 딸인데 둘의 차이가 너무 심해서 당황하고 계십니까?

사실 저 자신이 후자에 해당하는 쪽이었습니다. 첫째가 아들인데 아주 활달하고 솔직한 성격이라 한번도 '육아가 힘들다'고 느낀 적이 없었습니다. 한시도 가만있지 않는 아들을 따라다니는 일이 물론 힘들긴 했지만, 그것만 제외하면 특별히 큰 문제가 없었지요. '아이를 잘 키우고 있다!' 면서 스스로 만족하기도 했습니다.

그러던 중 둘째 딸이 태어났습니다. 그런데 이 아이는 고집이 세고 자기주장이 확실하더군요. 아기 때부터 떼쓰고 울면서 고집을 꺾지 않아 조짐이 좀 있었습니다만, 세 살 무렵 말을 배우면서부터는 그 정도가 한층 심해졌습니다.

청개구리 '땡이'는 말도 잘 듣지 않고 일부러 딴전을 피우거나 자기주장을 절대 굽히지 않았습니다. 아무리 어르고 달래도 요구

가 관철될 때까지 절대 포기하지 않았죠. 오빠에게서는 전혀 볼 수 없는 모습이었습니다.

예를 들어 장을 보고 돌아오는 길에 아이가 안아달라고 조를 때가 있지요. 하지만 저는 짐을 가득 들고 있어 아이 말을 들어줄 수가 없습니다.

이런 때 첫애는 "뭐하고 있어, 빨리 와! 안 오면 엄마 가버린다!" 하고 말하면 "엄마, 가지 마!" 하고 울면서 따라옵니다. 그런데 땡이는 "엄마 혼자 가버릴 거야!" 하고 가는 척하면 갑자기 홱 돌아서 반대편으로 달려가 버립니다. 그러면 저는 어쩔 수 없이 뒤따라가서 결국 안고 데려와야 하지요.

그래요, 영악하게도 이 녀석은 내가 정말 자기를 버리고 가지 않을 거라는 사실을 알고 있었습니다. 아마 여자 아이 특유의 예민한 관찰력 덕분에 나온 행동이겠지요.

뿐만 아니라 길거리에 누워 손발을 휘저으며 울어 젖히기도 합

니다. 요사이 좀처럼 볼 수 없는 고전적인 떼를 쓰는 특기를 갖고
있어서 행인들의 시선이 집중되기도 합니다.

"휴~, 버겁네."

어쨌든 그렇게 저는 두 아이의 차이를 절실히 느껴야 했습니다.

바로 그즈음이었습니다. 저는 '육아 코칭'이라는 단어를 접하게
되었지요. 땡이 아래 차남 콩이도 태어나, 생떼 절정의 딸아이를
포함해 세 아이의 육아에 휘둘려 매일이 전쟁 같았던 시절이었습
니다. 저는 지푸라기라도 잡는 심정으로 '육아 코칭'을 수강해보
기로 했습니다.

그 결과 그야말로 천지개벽이라도 하듯 육아에 큰 변화가 생겼
습니다. 몇 가지 중요한 변화를 정리해보겠습니다.

첫째, 아이나 육아를 객관적으로 바라보게 되었습니다.

일주일에 1번, 코치의 이야기를 듣고 코치의 질문에 대답하는

사이 감정에 꼭꼭 갇혀 있던 나 자신을 한걸음 떨어져서 바라볼 수 있었습니다.

둘째, 아이들의 반응이 놀랄 만큼 달라졌습니다.

조금 거리를 두고 여유 있게 대응하게 되고, 아이들의 감정을 이해하면서 대화하니 그렇게도 심했던 떼와 응석, 형제간의 싸움이 하루가 다르게 줄어들었습니다.

그리고 무엇보다 그런 경험이 거듭되자 조금씩 자신감이 생겨 아이와 나 스스로를 긍정적으로 바라보게 되었습니다.

'손을 쓸 수 없는 떼쟁이'와 '실패한 엄마'라는 딱지에서 벗어나 아이들이나 자신을 인정하게 되고, 고통스러웠던 육아가 한층 즐거워졌습니다.

저를 무척이나 힘들게 했던 딸아이는 이제 많이 자라 저와 둘도 없는 친구가 되었습니다. 제가 바뀌니 아이가 몰라보게 달라졌습니다. 제가 육아 코치를 모른 채 일일이 가르치다가 마음대로 안 되면 벌컥 화를 내는 식으로 딸아이와 관계를 맺었다면 지금 어떤 모습일까요? 정말 아찔할 정도입니다.

하지만 주변에서 안타까운 모습이 많이 보입니다. 강압적인 엄마 밑에서 '곱게' 자란 탓에 아무것도 스스로 할 줄 모르는 '마마걸'이 있는가 하면 방임형 엄마 밑에서 자라 잠재력도 제대로 발휘하지 못하는 아이들도 있습니다.

엄마가 여자 아이의 본성을 이해하고 현명한 코치가 되면 딸은 당당하게 세상으로 나아가 타고난 재능을 마음껏 발휘합니다. 딸의 인생에 있어서 엄마는 그 누구보다 중요한 존재라는 사실은 두말할 나위도 없습니다.

육아 코칭의 효과를 실감한 저는 그 후 직접 코칭 이론과 스킬(기술)을 배워 평생학습개발재단에서 인증하는 코치 자격증을 땄습니다. 나아가 '육아 코칭 클럽 더블스'라는 사이트를 개설하여 육아로 고민하고 있는 엄마들을 다양하게 지원하는 활동을 시작하였습니다.

　코칭에는 육아에 도움이 되는 기술이 많습니다. 아주 작은 요령이지만 이것을 알고 실행하는가 하지 않는가에 따라 육아의 양상은 180도 달라집니다.

　제 자신의 육아 체험과 코치로서 그동안 만나왔던 여러 엄마들의 실례를 통해 여자 아이를 기를 때 어떤 점에 주의해야 하는지, 어떻게 하면 부모노릇을 원만하게 잘해낼 수 있는지에 대해 조명해보려 합니다. 더불어 도움이 될 만한 코칭 노하우를 알기 쉽게 이야기해볼 생각입니다.

　딸과 엄마가 모두 행복한 육아가 될 수 있는 힌트와 방법을 하나라도 더 많이 얻어 가실 수 있길 바랍니다. 아울러 엄마와 딸의 행복한 관계는 딸의 인생에 가장 든든한 지원군이 된다는 사실을 기억하시기 바랍니다.

Chapter Two **✲ 반듯한 딸로 키우는 가정교육 노하우**

"
왜 엄마는
항상 큰소리만
내?
"

엄마가 모르는 딸의 속마음*

딸은 자신의 감정을 파악하고 말로 또박또박 표현한다.
엄마에게 하는 말을 반항이나 말대답으로 받아들여 싸우는가,
아니면 중요한 메시지로 인지하고 공감하느냐에 따라 딸의 인생이 180도 달라진다.

말대답하는 딸이 보내는 메시지

딸은 아들보다 말을 빨리 배우고 어른들의 말투를 잘 기억해두었다가 불현듯 터뜨려서 주위를 놀라게 하는 일이 종종 있다. 딸이 말을 빨리 배운다는 것은 많은 엄마들이 대개 공감하는 사실이다.

그러면서 엄마들이 자주 하는 말이 있다. "입에서 나온 말이 현실적이고 냉정해요. 게다가 내 약점을 콕콕 찔러서 나도 모르게 화가 치밀죠. 상대가 아이임에도 진짜로 말싸움을 하게 된다니까요."

4~5살이 되면 엄마가 "○○해라!"라고 말하면 딸아이는 "왜, 엄마도 하지 않잖아!" 하고 말대답을 한다. 엄마가 평소와 달리 멋을 부리기라도 하면 곧바로 "엄마하고 안 어울려!" 하고 비난을

하기도 한다. 이런 모습이 이 시기 딸들의 특징이다.

3살 무렵부터 시작되는 제1차 반항기, 소위 '싫어 싫어 기'가 단순히 부모 말에 반발하거나 자기 의견을 관철하려는 행동이었다면, 5세 정도가 되면 한층 '엄마라는 존재 자체에 대한 의문이나 대결 반응'이 강해진다.

여기서 잠깐 오카야마에 사는 S씨 이야기를 소개한다.

장녀인 A는 5살. 엄마 말을 잘 듣고 2살 아래 남동생도 잘 돌보는 착한 누나였다. 그런데 요사이 손톱을 물어뜯는 버릇이 다시 생기고, 때로 감정이 폭발하거나 격한 말대답을 하는 모양이다.

지금까지와는 전혀 다른 모습이 당황스러운데다, 그 정도가 심해지자 S씨는 그만 소리를 높여 "왜 엄마 말을 그렇게 안 들어!" 하고 화를 내고 말았다.

"그렇게도 착한 아이였는데, 더 이상 어떻게 대응해야 좋을지 모르겠더라고요."

그녀는 자신감을 잃어가고 있었다. 그러던 어느 날 한창 말싸움이 계속되던 중에 A가 이렇게 소리를 지르더란다. "왜 엄마는 항상 그렇게 큰소리만 내?"

"저는 그만 쇼크로 말이 막히고 말았어요. 나는 나름대로 힘들게 화를 참아가면서 큰소리 안 내려고 애쓰고 있었는데 애가 그렇게 느꼈구나 하고 생각하니 그만 슬퍼졌죠. 하지만 냉정하게 감정을 가라앉히고 다시 되돌아보니 항상 명령조로, 그것도 일방적으로 강요하거나 조종하려 했다는 걸 알겠더라고요."

그리하여 S씨는 딸이 이제 '자신의 의지를 가지고 자립하려 하는구나' 하는 것을 느꼈다고 한다.

코칭은 클라이언트(카운슬링을 받는 사람)를 '돕는' 것이 아니라 '지지'하는 것이다, 하는 말이 있다. 이 말은 그대로 육아에도 적용된다.

예를 들어 홀로 자전거를 타려는 아이에게 달라붙어 계속 자전거 뒤를 잡고 있으면 아이는 절대 혼자 탈 수 없다. 이는 오히려 자립을 방해할 뿐이다.

"엄마, 이제 손을 놔요! 이제 나 혼자 탈 테니까."

3살 정도부터 시작되는 반항기는 그 준비기간이다. 이 시기를 지났는데도 좀처럼 손을 떼지 않으려는 엄마를 향해 딸은 드디어 반항하고 자립을 선언한다. 그런 최초의 징후가 5살 정도가 아닐까, 하고 나는 생각한다.

A는 그런 엄마에 대한 불만을 똑똑히 전하였다. 그런 의미에서

언어 표현력이 풍부하다는 것은 커뮤니케이션에 큰 도움이 된다.

만약 좀처럼 말로 표현하지 않는 남자 아이였다면 어땠을까? 자기가 어째서 마음이 불편한지도 모르고 폭력적으로 나올 수 있다. 혹은 말을 하더라도 "몰라!" "엄마 싫어!" 같은 단순한 표현밖에 하지 못할 가능성도 크다.

자신의 마음이나 감정을 똑바로 파악하고 말로 표현한다는 점에서 여자 아이들은 밉살스러울 수도 있지만, 아이의 마음을 알기 쉬울 수도 있는 셈이다. 엄마에게 하는 말을 '반항이나 말대답'으로 받아들여 싸울 것인가, 아니면 '중요한 메시지'로 인지하고 공감할 것인가에 따라 그 의미는 크게 달라질 것이다.

자기 감정이 중요한 아들, 관계가 중요한 딸

여자 아이들은 옷에 집착한다. 이 이야기를 하면서 우리 집 청개구리 땡이를 빼놓을 수 없겠다.

땡이가 아직 어렸을 때는 오빠가 입던 옷을 물려받아 "우와, 예쁘다, 딱 맞네~." 하고 구슬려 입혔다. 옷은 당연히 청색 계열이나 모노톤에 심플한 디자인이 많았다. 그런데 3살 되던 해 어느 날인가 갑자기 이렇게 선언을 해버렸다.

"이제 멋진 옷은 싫어. 예쁜 옷이 좋아!"

초등학생이 돼서도 내가 주는 옷이라면 아무 저항도 하지 않고 순순히 입던 오빠와 달리 딸은 자기주장이 확실하고, 취향도 분명하다. 나는 다시 한 번 그 차이에 크게 놀라지 않을 수 없었다.

매일 입고 가는 옷에 대해서도 이게 좋아, 저거는 싫어, 하면서 주문이 많다. 반대로 좋아하는 옷을 입고는 하늘을 날듯 기뻐한다.

생각해보면 딸아이가 옷을 따지고 드는 것은 '자신이 주위 사람들에게 어떻게 보일까' 하는 데 중점을 두기 때문이 아닐까 싶다. 예를 들어 남자 아이들이 영웅 캐릭터의 옷을 좋아하는 것은 자신도 강해진 것 같은 기분을 느끼려 하기 때문일 것이다. 아들이 '자신의 감정'에 중점을 두는 데 비해, 여자 아이들은 상대와의 관계성을 더 의식하고 있는 것이 아닐까.

또한 엄마 쪽에서도 딸이 생기면 예쁜 옷을 입히고 싶은 욕구가 적지 않을 것이다. 딸이 어른이 된 뒤에 함께 옷을 고르거나 쇼핑을 갈 수 있는 것도 모녀관계에서만 가능한 일이다. 여자들만의 커뮤니케이션을 충분히 즐겨보는 것도 좋을 것이다.

한편 우리 집 땡이는 "예쁜 옷이 좋아!" 하고 선언한 이후 옷을 살 때는 반드시 직접 골라야 했다. 그것도 핑크색 일색에 리본이나 프릴이 달린 것이 아니면 안 되었다.

매일 아침 입는 옷도 손수 골랐다. 덕분에 때로 깜짝 놀랄 만큼 개성적인 코디네이터가 되기도 했다. 나는 '기분 좋게 유치원에 가주기만 한다면 본인의 선택에 맡기자' 하는 생각으로 못 본 척

아이에게 맡겼다.

그런데 이런 시기도 2, 3년 정도일 뿐, 초등학교에 들어갈 무렵에는 많이 달라졌다. 좋아하는 스타일도 심플해지고 색에 대해서도 한때 무조건 '핑크!'였던 데서 연한 파랑색이라든지 조금은 안정된 컬러로 바뀌었다.

그러니 도중에 이것저것 조언하거나 바꾸려 하지 말고 본인이 납득할 때까지 충분히 해보도록 하자. 본인이 생각하고 직접 체험하면서 아이들은 다음 단계로 나아가게 된다.

'착한 딸' 뒤에는 강압적인 엄마가 있다

가운데 아이나 막내가 어리광을 잘 부리거나, 자기주장이 확실한 데 비해 첫째 아이는 어른스럽고 자신보다 상대의 감정을 우선시하며, 착한 아이인 양 행동한다는 말을 종종 듣는다. 어쨌든 여자 아이의 경우 그런 경향이 더 강한 듯하다.

그래서 '살림밑천 큰딸'이라는 말이 생겼을 것이다. 장녀는 엄마 대신 형제들을 돌보고, 때로는 엄마의 고민을 들어주는 역할까지 해서 가정을 원만하게 받쳐준다.

그런데 상대의 기분이나 주위의 기대, 자신의 역할 등을 잘 파악하는 머리 좋은 아이, 상대를 배려할 줄 아는 착한 아이일수록 자칫 부모의 기대에 얽매여 있을 수도 있다. 만약 그런 상황이라면 고분고분 따르기보다 엄마의 강요나 과도한 기대에 반항하며 자신의 감정이나 욕구를 표현하는 것이 좋다. 반항도 하지 않고 수동적인 타입이라면 주의해야 한다. 엄마의 강요나 컨트롤이 지나치게 강한 경우일 수 있기 때문이다.

기대에 부응하기 위해 필요 이상으로 착한 아이인 척하는 건 아닌지, 무리하고 있지는 않은지, 직간접적으로 부모가 강제하고 있지는 않은지, 특히 칭찬받는 아이일수록 이런 점에 더욱 신경을 써야 한다.

여기까지 읽고 '나 자신이 바로 그런 타입이었어요' 하고 공감하는 어머니도 아마 있을 것이다. 사실 육아에 대해 고민하며 진지하게 육아서를 읽거나 코칭을 받는 엄마들을 보면 대개 성실하고 열심인 타입이 많다. 그렇기 때문에 마음대로 육아가 풀리지 않으면 더욱 의기소침하거나 자신을 책망하는 것이다.

이런 성향의 엄마들은 자기를 너무나 닮은 딸 때문에 불안을 느끼거나, 딸에게 결국 같은 역할을 강요하기도 한다. 앞의 오카야마에 사는 아이 A같이 갑자기 반항하며 자기주장을 시작하면 이를 받아들이지 못하고 더욱 강압적으로 누르려 하기도 한다.

하지만, 괜찮다. 그런 악순환이 있어도 우선은 그 사실을 깨닫고 아이를 대하는 태도를 조금씩 바꾸면 얼마든지 개선할 수 있다.

다음 장에서는 나의 체험을 포함해서 여러 엄마들의 육아 고민을 소개하면서 아이를 양육하는 기술을 최대한 알기 쉽게 설명해 두었다. 자신의 육아 경험에 비추어보면서 읽어가도록 하자. 아이들과 소통하는 요령을 익히고, 대응 방식을 조금 바꾸는 것만으로도 육아가 한층 즐거워질 것이다.

홀쩍 자란
딸을 상상할 때마다

지금 너와의 시간을
소중히 하자고 생각해!

"엄마!
지금 내가 세상에서
가장 중요한 말을
했을지도 몰라."

딸, 인정해주는 만큼 자란다 **

유아부터 초등 저학년까지는 의식적으로 딸의 마음을 충분히 받아주는 게 좋다.
아이는 자신의 이야기가 전달되고 감정이 통했다는 경험이 축적됨으로써 안심하게 되고 자신감이 싹튼다.
세상을 살아갈 힘도 조금씩 몸에 붙게 된다.

교사형 엄마 vs 코치형 엄마

갓 태어난 아이는 혼자서 아무것도 할 수 없다. 자고, 울고, 젖을 빨고, 싸고, 또 자고 이렇게 하루를 보낸다. 엄마의 역할은 그런 아기에게 젖이나 우유를 주고, 기저귀를 갈고, 쾌적한 환경을 만들어주는 것이다. 또한 아기를 잘 관찰하고 웃어주며, 말을 걸어준다. 엄마가 하는 일은 모두 '주는 사랑'이다.

아직 신생아일 때는 밖에 나가서도 안 되고 엄마와 아기가 둘이서 집에 있는 시간이 많다. 그때 이런 느낌을 받은 적이 있는가?

"내가 없으면 이 아이는 살 수가 없겠구나."

첫아이를 낳고 생후 15일째 되는 날 나는 일기에 이렇게 적고 있다.

'내 품에서 안심하고 잠든 작은 아이의 등을 보고 있으면 왠지 눈물이 난다. 앞으로도 계속 이 작은, 아무 힘도 없는 존재가 내 곁에 이렇게 있을 것인가…. 슬픔과 기쁨이 함께 교차한다. 걱정도 두 배, 기쁨도 두 배. 나 이외의 존재, 이 어린 생명에 관한 모든 책임을 등에 짊어진 무게와 애달픔, 사랑이 뼛속 깊이 사무쳐 눈물이 그치지 않는다.'

지금 다시 읽어보면 산후 우울증 기미가 느껴지기도 한다. 다행히도 15년이 지난 지금 그 작았던 등이 어느덧 내가 올려다봐야 할 만큼 커졌다.

'작고 힘없는 존재가 곁에 있는' 시기는 정말 순식간에 지나가 버린다. 하지만 엄마에겐 아기 때의 인상이 강렬하게 박혀 있어, 언제까지나 '내가 꼭 있어야' '내가 해줘야' 한다고 단정한다.

그러나 아이는 하루가 다르게 자라난다. 그러면서 스스로 처리할 수 있는 일도 점점 늘어난다. 무슨 일이든 자기가 하려고 하고, 자기주장도 강해지며, 반항하고, 자립을 향해 성장해간다. 물리적으로나 심리적으로 부모 곁에서 벗어나려고 하는 것이다.

프롤로그에서도 잠시 언급하였지만, 아이가 성장해감에 따라 부모가 의식해야 할 것은 '일방적으로 주는' 역할에서 '받아주는'

역할로의 전환이다. 이를 풀어서 설명하면 이렇게 정리할 수 있다.

♥ 필요 이상으로 주지 않는다.

♥ 일방적으로 강요하지 않는다.

♥ '혼자서는 아무것도 못해' 라고 생각하지 않는다.

그리고 아이와의 관계를 새롭게 정립한다.

♥ '이 아이라면 할 수 있어' 라고 믿고 지켜본다.

♥ 아이가 보내는 메시지를 제대로 받아들인다.

♥ 아이가 도움을 청하면 도와준다.

코칭에서 코치와 클라이언트의 관계는 상하나 주종이 아니다. 교사와 학생 같은 사제관계도 아니다. 코치는 클라이언트의 목표를 향해 함께 걸어가고 지지해주는 대등한 존재, 말하자면 '파트너'이다. 코치의 존재를 말해주는 표현 중에 이런 문구가 있다.

'코치는 100퍼센트 클라이언트 편이다.'

'해답은 반드시 클라이언트 안에 있다.'

여기에는 항상 상대를 믿고 상대의 성장을 지켜보는 시선이 있다.

아이에 대해서도 모든 것을 주고, 가르치고, 이끌려고 하는 '교사' 같은 존재에서 조금씩 '코치' 같은 존재로 역할과 위치를 바꿔가야 한다. 이것이 아이를 자립으로 이끄는 길이며, 부모로서 아이를 독립시키는 길이기도 하다.

물론 이는 딸에게 한정된 이야기가 아니다. 모든 아이들에게 해당되는 가장 중요한 내용이라고 나는 믿고 있다. 육아란 바로 이런 관계를 쌓아가는 과정이다. 그리하여 최종적으로는 아이가 '스스로 행복하게 살 수 있도록 만드는 것'이다.

마음을 알아주면 안정감 있는 아이로 자란다

　그렇다면 '받아주는 것'이란 도대체 무엇일까? 어떻게 하면 받아줄 수가 있을까? 이 요령에 대해 구체적인 예를 들어 설명해 보자.

　혼자 아무것도 하지 못하는 아기도 자세히 보면 여러 가지 메시지를 보내고 있다. 울거나 웃거나, 뚫어지게 쳐다보거나…. 이런 행동은 모두 엄마와 어떤 관계를 맺고 싶어서 자신의 생각을 전하는 것이다. 그 감정을 엄마는 충분히 감지하고, 또한 충분히 응해 준다.

　"그래 그래, 울었어?"

"배가 고팠어? 맘마 먹자."

"눈 비비는 걸 보니 잠이 오는구나? 그래, 코 자자."

이런 식으로 아기일 때는 보내는 신호도 많고 엄마는 아기가 보내는 신호를 자연스럽게 받아들인다.

그런데 조금 크면 말로 마음을 전한다. 때로는 부모에게 말대답을 하거나 울면서 드러눕는 등 더 다양한 방법으로 여러 메시지를 발신한다. 아이가 보내는 메시지를 보고, 느끼며, 때로는 공감해주는 것, 이것이 아이를 '받아주는 것'이다.

커뮤니케이션은 흔히 '공놀이'에 비유된다. 한쪽이 공을 던지면 다른 한쪽이 공을 받는다. 이런 쌍방향 플레이가 있음으로 인해 비로소 커뮤니케이션이 성립되는 것이다. 그런 장면을 잠시 상상해보자.

아이가 열심히 공을 던지고 있다. 땅볼이거나 땅에 튕겨 오기도 하고, 때로는 예리한 속구일 때도 있다. 어처구니없는 파울 볼일 때도 있고 심지어 데드 볼일 수도 있다. 하지만 어떤 공이든 아이가 공을 던지면 부모는 큰 장갑 안에 받아준다. 그러고는 '받았어' 하고 알려준다.

지금이야 이런 생각이 머릿속에 박혀 받아주는 것을 항상 의식하고 있지만, 코칭을 처음 시작했던 당시를 돌이켜보면 부끄러운 일이 많았다. 코치와 매일 대화를 하면서 딸과의 커뮤니케이션을 돌아보게 되었다. 그러면서 내가 아이들의 말을 어떻게 부정하고, 어떻게 거부하였는지를 깨달았다. 나는 부끄럽게도 장갑은커녕 배트를 들고 아이들이 던진 공을 바로 걷어내기만 했다.

딸이 무슨 말을 하면 이렇게 반응했다.

"아니, 그거는….."

"하지만….."

"음, 하지만 ○○이 아닐까?"

"그것은 네가 ○○이니까 그렇지."

그리고 '이렇게 해라' '저렇게 해라' 하며 비판하고, 평가하고, 지시하기가 일쑤였다. 이런 반응이라면 아이들과 아무리 오랜 시간 얘기를 하더라도 충분히 대화가 이루어질 수 없을 것이다. 오히려 이야기를 하면 할수록 쓸쓸하고 허무해지지 않을까?

또 한 가지 중요한 것이 있다. 아이들이 전하고 싶어 하는 것은 '사실' 그 자체가 아니라는 점이다. 아이들이 원하는 것은 부모의 평가나 비평이 아니라 이야기를 들어주고 마음을 받아주는 체험 그 자체이다.

"오늘 이런 일이 있었어요!(정말 좋았어)"

“다음 주가 소풍이야.(빨리 왔으면)”

“친구가 이런 말을 했어요.(슬퍼)”

“엄마 왜 이렇게 늦었어?(심심했어)”

표면적인 말에 집착하지 말고, 그때그때 아이의 마음을 상상하며 충분히 받아주도록 하자. 아직 아이가 어릴 때는 감정을 잘 표현하지 못하는 경우가 많다. 이럴 때 아이를 대신해서 마음을 말로 표현해 주는 것이다. 사람은 마음을 알아줄 때 비로소 통했다고 느끼고 안심하게 된다. 이는 비단 아이들에게만 해당되는 이야기가 아니다. 어른도 마찬가지다. 사람이 살아가기 위해서는 이 같은 ‘수용’과 ‘공감’의 체험이 필수적이다.

아이 옆에
쪼그리고 앉아서라도
눈높이를 맞춘다

아이들의 마음을 받아준다는 것은 어떤 것일까? 가나가와에 사는 O씨의 경우를 소개한다.

장녀인 K는 4살, 매우 밝고 건강하지만 말을 좀처럼 듣지 않는, 말하자면 우리 집 딸과 비슷한 타입이다. 마트에 물건을 사러 가면 매일 과자 매장 앞에서 '사줘' '안 사' '더!' '하나밖에 없잖아' '빨리 해줘!' 등 옥신각신하다 결국 엄마의 손에 질질 끌리듯 나와야 했다.

그런데 코칭을 통해 '아이의 마음을 받아준다'는 것을 배운 O씨는 평소처럼 과자 매장 앞에 쪼그리고 앉은 딸을 의식하고는 이렇게 해봤다고 한다.

"그날은 마침 시간도 넉넉하고 정신적으로도 여유가 있었어요. 그래서 도대체 여기에 K는 어떤 마음으로 앉아 있는 걸까? 나도 똑같이 해보자 하는 마음으로 아이 옆에 쭈그리고 앉아봤지요."

그런데 그곳에서 생각지도 못한 일이 벌어졌다. 색색의 과자가 빽빽하게 들어차 있는 선반이 머리 꼭대기까지 이어져 있었던 것이다. 오른쪽, 왼쪽으로 화려한 과자가 끝없이 늘어서 있다. 더욱이 과자 하나를 집으면 그 뒤에 또 약간 다른 디자인이 줄지어 있어서 차례차례 호기심을 부추겼다.

"우와, 대단하다. 전부 갖고 싶네."

자신도 모르게 O씨는 소리를 지르고 말았다. 그러자 지금까지 화난 얼굴로 앉아 있던 딸의 얼굴이 환히 펴지면서 빛이 났다.

"그렇지? 뭘 고를지 모르겠지?"

"진짜 고민되네."

"응. 하지만 약속은 하나만 하기로 했으니까 오늘은 이걸로 할래."

"그래? 그걸로 정한 거야?"

"응. 저거는 내일 할래!"

그날의 경험을 O씨는 이렇게 전했다.

"평소 과자 하나 고르는 데 하도 꾸물대서 저는 빨리 해, 안 그러면 엄마 혼자 가버린다고 하면서 애를 채근했죠. 방긋 웃으면서 쇼핑을 마친 적이 그때까지 한번도 없었습니다.(웃음)"

O씨는 환하게 웃으며 이렇게 덧붙였다.

"결국 아이는 자기 마음을 알아주길 바랐던 거죠. 그걸 알아주자 안심해서 감정에 휘둘리지 않고 역으로 스스로를 조절할 수 있게 되었어요. 그런 느낌이 들더라고요."

자, 이제 아이의 감정을 받아주는 요령이 무엇인지 조금이나마 전달되었는가? 마음을 받아주려면 우선 아이가 어떤 식으로 느끼고 어떤 생각을 하고 있는지 파악하지 않고는 불가능하다. 그러기 위해서는 같은 눈높이가 되어 같은 행동을 해보거나, 혹은 마음을 상상하는 등 부모 쪽에서 상대에게 다가가려는 노력이 필요하다.

'무엇을 생각하는지 모르겠어' '어차피 알 수가 없어' 하고 포기해버린다면 앞으로도 절대 서로를 이해할 기회를 만들지 못한다. 아이들도 결국에는 '어차피 엄마가 알아주지도 않을 텐데, 뭐' 하고 생각하게 된다. 어린 시절에는 시끄러울 정도로 열심히 어필하던 아이들도 사춘기를 맞을 즈음엔 포기하여 메울 수 없는 큰 간극이 생겨버린다.

따라서 '싫어 싫어'나 '어거지' '응석'과 같은 메시지를 열심히 보내는 제1차 반항기에 아이의 마음에 다가가려는 노력을 해두어야 한다. 특히 유아에서 초등학교 저학년 정도에 의식적으로 아이의 마음을 충분히 받아주는 것이 좋다. 아이는 자신의 이야기가 전달되고 감정이 통했다는 경험이 축적됨으로써 안심하게 되고 자신감이 싹튼다. 그리고 세상을 살아갈 용기도 조금씩 몸에 붙게 된다.

현명한 엄마는 아이를 있는 그대로 볼 줄 안다

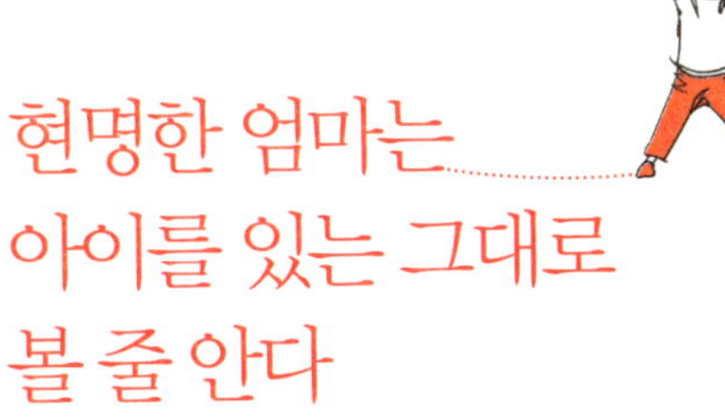

'아이를 받아준다'는 명제를 머릿속에 새겨두기 위해 내가 평소 주문처럼 입에 달고 다니는 말이 있다.

"세심하게 보기, 세심하게 듣기, 세심하게 접촉하기."

아이들이 던진 여러 메시지를 보고, 듣고, 접하며 확실하게 받아들이기 위해서다. 이 말을 마음에 담아두고 있으면 자연히 상대를 받아들일 마음의 자세가 생기지 않을까 생각한다.

세 가지 명제에 대해 각각 구체적인 설명을 해보자.

"세심하게 보기"란 아이의 모습을 최대한 시야 안에 확보해두고, 떨어져 있더라도 눈을 떼지 않는다는 의미이다. 또 다른 의미로는 ‘아이의 모습 그대로, 진짜 모습을 본다’ 는 뜻이기도 하다.

우리는 평소 많은 색안경을 끼고 사물을 보고 있다. 소위 믿음이나 편견, 단정 등의 필터를 통해 상대를 본다고 해도 과언이 아니다. 특히 항상 곁에 있는 가장 가까운 존재인 만큼 자신의 아이에 대해 이런 경향이 한층 강할 수 있다.

“우리 아이는 ○○이니까.”

“어차피 ××이겠지.”

“분명 △△임에 틀림없어.”

이런 식으로 처음부터 답을 예측하는 일도 흔하다. 하지만 이런 색안경을 끼고 아이들을 본다면 진정한 모습이나 마음가짐을 볼 수 없을 것이다. 그것은 부모가 생각하는 ‘아이의 이미지’ 에 지나지 않는다.

더욱이 아이는 하루가 다르게 성장하고 달라진다. 아무리 응석받이 아이라도, 심지어 똑똑한 장녀도 언제나 그 모습 그대로는 아니다.

색안경을 끼고 있으면 아이의 성장을 놓치기가 쉽다. 부모라는 틀에 갇히면 아이가 장점을 충분히 발휘할 수 있는 기회를 놓쳐버릴 수도 있다.

코칭을 할 때도 코치는 클라이언트의 이야기에 선입견을 갖지 않고 백지 상태로 들어야 한다. 엄마 역시 자신이 코치가 되었다고 생각하고 의식적으로 백지 상태에서 아이들의 말에 귀를 기울이고, 아이를 다시 돌아보도록 하자. 딸은 분명 평소와 다른 모습을 보여줄 것이다.

부모의 '색안경'은
아이 마음에 상처를 남긴다

색안경을 끼고 아이들을 보고 있지는 않은가, 이 말을 할 때마다 떠오르는 기억이 있다. 언젠가 치과에 갔을 때 목격한 엄마와 아이의 작은 소동인데, 색안경의 위험을 절실하게 깨닫게 해준 사건이었다.

간신히 무언가를 집고 일어설 수 있을 정도의 어린 아기와 4살 정도 되는 남자 아이를 데리고 한 엄마가 치과에 왔다. 아직 어린 아이에게 손이 많이 가는 시기인지라 할머니까지 동행해서 모두 네 명이 일행이었다.

두 형제는 구석의 장난감 코너에서 놀고 있었고 어른들은 소파에서 이야기를 나누고 있었다. 그런데 작은 아기가 손에 쥐고 있던 블록에 머리를 찧고는 울음을 터뜨렸다. 나는 그 모습을 바로 옆에서 보았다. 엄마는 동생의 울음소리가 들리자 서둘러 장난감 코너로 달려오더니 "아기한테 무슨 짓을 한 거야?" 하고 형을 혼냈다. 형은 영문을 몰라 멍한 얼굴로 아무 말도 못하고 있었다.

"아기 울리면 안 되잖아."

"착하게 잘 지내라고 했지?"

그 후에도 덮어놓고 설교가 계속됐다. 그 모습을 보자 나는 형을 감싸고 참견하고 싶은 마음이 목까지 차올랐다. 형이 풀이 죽어 고개를 숙이고 있는데, 간호사가 이름을 부르는 소리가 들렸다. 엄마가 "빨리 들어가" 하고 말하며 등을 밀자 그제야 처음으로 아이가 입을 열었다.

"싫어, 엄마하고 같이 갈래!"

엄마는 "무슨 소리 하는 거야! 혼자 갈 수 있잖아" 하며 한동안 옥신각신하다 결국 울며 매달리는 큰애에게 져서 마지못해 진찰실로 들어갔다.

내 눈엔 '엄마랑 같이 갈래'라는 아이의 말이 진실을 알아주지 않는 섭섭한 마음을 전하는 최대 저항처럼 느껴져서 마음이 아팠다. 그런데 장난감 코너에서 아기를 보던 할머니가 쐐기를 박는 한마디를 했다. 아직 말도 제대로 하지 못하는 동생에게 할머니는 이렇게 말했다. "형은 겁쟁이야! 혼자서 못하잖아."

옆에서 보면 타인의 색안경이 확연히 잘 보인다. 하지만 본인은 잘 모르는 모양이다. 뿐만 아니라 점점 더 그런 경향이 강해진다. 색안경의 색이 점점 짙어지는 것이다.

물론 나 역시 여러 색안경을 끼고 있을 것이다. 이를 완전히 제거하기란 어렵겠지만, 그렇기 때문에 때로 자신을 돌아볼 필요성이 크다.

"나는 어떤 색안경을 끼고 딸을 보고 있을까?"

아이는 집중해서 들어주는 부모를 신뢰한다

두 번째 과제인 '세심하게 듣기'에 관해 생각해보자.

당신의 딸은 말을 많이 하는 편인가? 일반적으로 유치원이나 학교에서 있었던 일, 친구들과의 일 등을 미주알고주알 얘기하는 쪽은 역시 딸이다.

우리 집 큰아들 친구의 엄마들과 이야기를 해봐도 어느 집이나 크게 다르지 않다. 아들을 키우는 엄마들은 "학교에서 있었던 일을 아들에게 물어보면 '별로' '잊어버렸어' 하고 대답하는 게 고작이에요. 같은 반 여자 아이들에게 물어보는 게 훨씬 빠르다니까요" 하고 웃는다.

　그중에는 유난히 말이 많고, 이야기를 들어달라고 조르는 등 잠
자고 있을 때나 먹고 있을 때를 빼고 하루 종일 입을 가만히 두지
못하는 수다쟁이도 분명히 있다. 하지만 아이가 시끄럽다고 해서
언제까지나 계속 말을 해주는 것은 아니다. 그러므로 '그래도 말
을 해줄 때가 좋은 때다'라는 마음으로 아이가 이야기를 할 때 충
분히 들어주는 것이 중요하다.

　부모와 자식 간에 애정을 키우고 신뢰를 쌓는 기초가 이 시기에
만들어지기 때문이다.

　코칭에서는 충분히 이야기를 들어주는 것을 '경청'이라고 한다.
단지 귀를 빌려주는 정도의 '흘려듣기'가 아니라 마음을 담아서 언
어를 받아들이고 그 내용은 물론 말에 숨겨진 마음까지 읽어내려
는 '듣기'가 필요하다. 이는 코칭에 있어서 가장 기본적인, 그리고
가장 중요한 스킬이다.

　내가 떼쟁이 딸 때문에 한창 고민하던 무렵 코치와 이런 대화를
나눈 적이 있다.

　"아이가 떼를 쓸 때 뭐라고 하던가요?"

　"그러니까, 뭐라고 하더라…, 뭔가 모를 소리를 했어요."

　"구체적으로 뭐라고 했나요?"

“글쎄요, ‘그러니까’ 그랬던가? ‘뭐야’ 어쩌고 했었나?”
“그러니까 뭐야, 하는 말을 했나요?”
“……”

그렇다. 나는 딸이 무슨 말을 하는지 전혀 듣지 않고, 기억도 하지 않았던 것이다. 덮어놓고 ‘아, 또 투정이 시작됐구나’ ‘어떻게든 잘 구슬려서 돌아가야지’ ‘어떻게 말하면 조용해질까’ 하는 것만 생각하고 딸이 어떤 메시지를 보내고 있는지 전혀 받아들이지 않았던 것이다.

아이의 말에 ‘귀를 연’ 것은 이러한 사실을 깨닫고 난 뒤부터였다. 그런 의식을 가지고 안테나를 세우니 내가 그동안 얼마나 사람들의 이야기에 귀를 막고 있었는지 비로소 알게 되었다.

실제로 어른들과 대화를 나눌 때 사람들은 ‘다음에 나는 무슨 말을 할까’ 하는 생각에 빠져 있다. 그리고 상대의 이야기가 채 끝나기도 전에 말꼬리를 자르고 때로는 가로채서 이야기를 이어가곤 한다. 특히 아줌마들(나를 포함해서) 사이의 대화에서 이런 경향이 심하다. 한번 잘 관찰해보자.

육아 코칭 세미나에서는 ‘경청’ 체험을 많이 한다. 두 사람이 조를 이뤄 한 사람이 어떤 테마에 대해 이야기를 하고 또 한 사람은 계속 이야기를 듣는다. 체험을 하고 나면 이런 말들이 나온다.

"말하고 싶은 것을 참는 게 참 어렵네요!"
"몇 번이나 말이 튀어나오려는 걸 참았어요."
"부정적인 말이 입 안에서 계속 맴돌았어요."

한편 방해받지 않고 말을 계속한 사람은 대개 이런 말을 한다.
"너무 좋았어요. 말하기가 편하더군요."
"계속 더 말을 하고 싶어요."
"왠지 마음이 후련하네요."
"부정적인 말을 듣지 않고 말을 계속할 수 있어서 안심이 되던 걸요."

자신의 말에 누군가가 집중해주면 사람은 상대에 대해 안심하고 신뢰를 갖게 된다. 진정한 커뮤니케이션은 이런 신뢰 위에 성립하는 것이다.

육아 코칭도 기본은 '듣는 것'에서부터 시작한다. 평소 딸과 대화를 할 때 이 점을 의식하도록 하자.

아무리 코칭을 배우고 ‘경청’을 머릿속에 각인하고 있다고 해도 매 시간 계속 집중할 수는 없다. 의식하지 못하는 사이 사람은 금세 중요한 것을 잊어버리고 만다.

나 역시 코치가 된 지 얼마 안 됐을 무렵 땡이의 연년생 동생인 콩이에게 이런 말을 들은 적이 있다. 학교에서 돌아온 콩이가 뭐라고 이야기를 했다. 나는 책상에 앉아 컴퓨터를 하면서 듣고 있었다. 이는 ‘경청’이 아니라 ‘흘려듣기’, 말하자면 ‘듣는 척’하는 것이다. 그런 나의 태도에 애가 탔는지 콩이가 이런 말을 툭 던졌다.

“엄마! 지금 내가 세상에서 가장 중요한 말을 했을지도 몰라!”

이런, 진짜 그랬을지 모르겠다…. 나는 그 말에 수긍하였다. 내용이 무엇이든 적어도 아들에게 있어 '지금 엄마에게 하고 싶은 말'은 분명 '이 순간, 세상에서 가장 중요한 것'임에 틀림없다.

이 책을 읽는 독자 여러분도 아이가 '세상에서 가장 중요한 말을 하고 있을지 모른다'는 마음으로 마주 대하길 바란다. 분명 멋진 경청을 경험할 수 있을 것이다.

여기서 또 한 가지, 경청을 할 때 중요한 포인트가 있다. 바로 '나는 지금 똑바로 듣고 있어'라고 상대에게 분명히 어필하는 것이다. 아무리 열심히 듣는다고 해도 그것이 상대에게 알려지지 않는다면 아무 소용이 없으니까.

어떻게 하면 똑바로 듣고 있다는 것을 상대에게 알릴 수 있을까? 답은 매우 간단하다. 자신의 경험을 돌이켜보면 떠오르는 것이 있을 것이다. 상대가 어떤 식으로 대응했을 때 '아아, 내 이야기를 열심히 듣고 있구나' 하고 실감하게 되는가? 반대로 상대가 어떤 식으로 대응했을 때 '제대로 이야기를 듣고 있지 않다'는 느낌을 받는가?

이렇게 생각을 해보면 다음과 같은 태도나 표정이 '내 이야기를 제대로 듣고 있다'는 메시지임을 알 수 있다.

♥작업하던 손을 멈춘다.

♥몸을 상대 쪽으로 돌린다.

♥상대의 눈을 쳐다본다.

♥끄덕인다.

♥맞장구를 친다.

누구처럼(?) TV나 신문을 보면서 대답도 안 하거나, 휴대전화를 만지작거리면서 '응, 그래서…?' 하고 건성으로 대답한다면 전혀 이야기를 들어준다는 느낌을 받을 수 없을 것이다. 당신도 더 이상 말을 계속하고 싶은 마음이 없어질 것이다.

이런 대응이 매일 계속된다면 아이들도 '어차피 얘기를 들어주지도 않는데, 뭐!' '말해도 소용없어!' 하고 생각하게 되고 부모와 벽을 쌓아버린다.

아이가 이야기를 시작하면 가급적 손을 멈추고 아이를 쳐다보자. 그리고 아이의 이야기를 끊지 말고 맞장구를 치면서 끝까지 귀를 기울인다. 이것을 꼭 의식해서 실천해보자. 그리고 보통 '어느 정도 들을 수 있는지'를 체크해보자.

물론 그렇다고 해서 필요 이상으로 '반드시 해야 한다'며 강박적으로 생각하거나, 잘하지 못하는 자신을 자책하며 실의에 빠질 필요는 없다. 생각이 났을 때 다시 시작하면 된다. 이렇게 해서 하루하루 조금이라도 좋은 관계를 가질 수 있도록 노력하는 것이다.

부정적인 감정도 일단은 받아준다

상대방의 말에 귀를 기울이고 있다는 것을 전하는 테크닉을 앞에서 몇 가지 소개하였다. '손을 멈춘다, 상대를 본다, 끄덕인다, 맞장구 친다' 등이 '경청의 달인'이 되는 비법이다.

여기에 더해 효과를 배가하는 방법이 '아이의 말을 반복'하는 테크닉이다. 코칭에서는 이를 '리프레인(refrain 후렴)'이라고 하는데, 나는 '필살 앵무새 대답'이라고 부른다. 말 그대로 아이의 말을 그대로 따라하는 것이다. 방법은 간단하다.

"○○였어"라고 하면 "그래, ○○였구나." 하고 응답하고 "△△했어"라고 하면 "오호, △△했어!" 하고 대답하기만 하면 된다!

우선은 어렵게 생각하지 말고 그대로 말을 따라한다. 처음에는 어려울 수 있지만 의식해서 따라하면 점점 자연스럽게 입에서 나오게 된다.

조금 익숙해지면 말의 키워드만 반복하거나, '그래, 결국 그렇게 된 거구나' 하고 내용을 요약할 수 있다. 혹은 가장 중요한 부분만 강조하여 "그만큼 재미있었구나" 하고 대꾸할 수 있게 된다. 직접 여러 가지 '앵무새 대답'을 시도해보도록 하자.

이런 이야기를 하면 종종 받는 질문이 있다.

"아이가 부정적인 말을 할 때도 그대로 반복해서 해야 하나요?"

사실 아이가 즐거운 이야기나 긍정적인 말만 하는 것은 아니다. 오히려 아이들은 부정적인 말을 하는 경우가 더 많다. 예를 들어보자.

"○○는 정말 싫어! 이제 같이 안 놀 거야."

"새 담임선생님은 무서워. 싫어."

"어차피 내가 그렇지 뭐."

이처럼 바람직하지 않은 감정이나 부정적인 마음을 표현하는 일도 적지 않다. 이럴 때는 어떻게 대꾸를 해야 할까? 방법은 똑같다. 아이의 말을 그대로 반복하면 된다.

"○○는 정말 미워!" 하고 말하면 "그래, 진짜 밉구나"라고 말하고 "선생님은 싫어!" 하고 말하면 "그래, 선생님이 싫구나" 하는 식이다.

하지만 이때 잊지 말아야 할 것이 있다. 그 내용을 '그래도 좋다'고 인정하거나 '나도 그렇게 생각해' 하고 동의하는 것이 아니라는 점이다. 내용은 어떻든 '네가 지금 그렇게 생각하는 것을 내가 분명히 듣고 확실하게 받아들였다'는 것을 전달하는 것이다. 이것이 공감의 기본이다.

클라이언트였던 오사카의 M씨 이야기다.

4살이 되는 딸 A가 친하게 지내는 친구와 싸움을 하고 "Y는 미워! 다시는 안 놀 거야" 하고 투정을 부렸다. M씨는 마침 코칭 내용이 생각나서 "그래, 정말 밉구나. 이제 같이 안 놀 거구나" 하고 그대로 말을 되풀이하였다. 그랬더니 A가 깜짝 놀라 "응, 왜?" 하고 반문을 하더란다.

"평소라면 '왜 그런 말을 해? 밉다는 말을 하면 안 돼!' 하고 말했을 텐데, 제 태도가 너무 다르니까 아마 아이가 놀란 모양이에요. 제가 아이 말에 '네가 밉다고 그랬잖아' 하고 대답하니 딸이 '응, 하지만 좋은 점도 있으니까… 그래도 놀아야지' 하고 자기가 정리를 하더군요. 평소 내가 아이 말에 부정을 하면 'Y가 나쁘니까 그렇지!' 하고 오히려 화를 냈는데, 재미있었습니다. 아이의 마음을 일단 충분히 받아준다는 것이 무슨 의미인지 비로소 알 것 같아요."

우리 집에서도 비슷한 사례가 있었다. 딸아이가 초등학교 3학년에 갓 올라갔을 때의 일이다.

"이번 선생님, 무서워. 앞으로도 절대 좋아지지 않을 것 같아."

"그렇구나. 무섭구나."

"응, 싫어. 바꿔줬으면 좋겠어."

"그래? 바꿔줬음 좋겠어? 그럼 교장선생님께 말해볼까?"

내가 아이 이야기에 장단을 맞춰 얘기하자 아이는 심각한 얼굴로 말똥말똥 나를 쳐다보다가 한마디 했다.

"그거는 안 돼."

아이는 부정적인 감정을 부모로부터 거부당하면 이를 해소하지 못하고 마음속에 품고 점차 키워간다. 하지만 이를 충분히 받아주면 아이는 안심해서 그 감정에서 벗어날 수 있다. '필살 앵무새 대답'의 위력을 꼭 시험해보고 실감하길 바란다.

자신감 없는 아이를 격려하는 방법

유아 때는 무슨 일이든 '내가 할 거야!' '나도 할 수 있어' 하고 말하던 아이도 초등학생이 되고 여러 친구들을 사귀면서 점점 '자아'라는 것에 눈뜨게 된다.

"나는 키가 작지만 ○○는 키도 크고 멋있어"라든지 "○○는 공부도 잘하고 운동도 잘해" "○○는 진짜 집이 부자야" 하는 말도 서서히 나온다.

정신과의사 엘리자베스 퀴블러 로스는 저서 《인생 수업》에서 이런 말을 하였다.

'불행에 이르는 최단거리는 무언가와 비교하는 것이다. 자신과

타자를 비교하는 동안은 절대 행복해질 수 없다.'

요사이 아이들은 일찍부터 다른 사람과 비교하고 승패를 지나치게 의식한다. 중학생 정도가 되면 아이들 사이에서도 틀이 짜여서 '쟤와 나는 사는 세계가 달라 얘기가 안 통한다'는 말을 할 정도다. 특히 인간관계에 민감해서 자신이 어떻게 보이는지에 신경을 쓰는 여자 아이들에게 이런 경향이 한층 심하다.

이럴 때 나타나는 것이 '내 주제에 뭘' 같은, 자신을 비하하는 부정적인 말투이다. 부모들은 이런 말을 들으면 아이에게 큰 문제라도 있는 듯이 받아들인다. 하지만 한편으론 아이의 감정을 받아줄 수 있는 절호의 기회라는 점도 분명하다. 우선은 의식적으로 경청하도록 하자. 대개 이럴 때 부모들은 이렇게 대응한다.

"어차피 안 된다니? 그런 말은 하는 게 아니야."

"무슨 소리야, 그렇지 않아."

"열심히 하면 너는 할 수 있어!"

이런 말로 아이의 감정을 부정해버린다. 그러나 여기서는 부정의 말도, 엄마의 의견도 필요 없다. 부모는 기운을 주고 자신감을 북돋우려 이런 말을 한다. 하지만 이런 말을 들으면 아이 입장에서는 품고 있는 불안감이 받아들여지지 않았으므로 있어야 할 자리를 잃고 만다.

그러므로 이런 경우 역시 "응, 그렇구나." "그렇게 느끼고 있구나" 하고 우선은 감정을 받아주어야 한다. 그리고 이야기를 끝까지 들어주면 아이는 자진해서 생각을 밝히고 마음속 깊은 곳의 속마음과 진짜 문제점을 말하게 된다. 나아가 해결책까지 직접 찾아낼 수도 있다.

물론 조언이나 격려가 필요 없는 것은 아니다. 아이의 감정을 받아주고, 말을 끝까지 다 들어주고 나서 해줄 수 있는 말은 얼마든지 있다.

"하지만 엄마는 이렇게 생각하는데….."
"이렇게 해보면 어떨까?"
"너라면 충분히 할 수 있어."

평화롭고 단순했던 '옛날 어린이'와는 달리 요즘 아이들은 자기 나름으로 난관이 많다. 그럴 때 엄마에게 푸념을 할 수 있다는 것은 행복한 일이다. 둘 사이에 신뢰관계가 형성되어 있다는 증거이기도 하기 때문이다.

당신에게도 푸념을 할 수 있는 상대가 있는가? 당신은 그 사람에 대해 매우 신뢰하고 있지 않은가? 그에게 아무리 불평해도 부정하지 않고 설교도 하지 않는다면 다음번에도 그 사람에게 속마음을 털어놓을 마음이 생기지 않을까?

커뮤니케이션의 기본은 결국 어른이나 아이나 크게 다르지 않다.

긍정적인 아이로 키우는 부모의 대화법

친구와 자신을 비교하면서 '나는 아무래도…'라며 자신감을 잃는 아이가 있는 한편, 친구의 좋은 점을 인정하면서 자신의 장점도 솔직하게 밝히는 아이도 있다. 예를 들면 이런 아이다.

초등학교 2학년인 S는 나름대로 개성이 있는 여자 아이이다. 그런데 엄마는 담임선생님과의 면담에서 실망스러운 말을 들었다.

"아이가 착하지만, 가끔 멍하니 있을 때가 있어요. 숙제도 가끔 빼먹고 오고… 조금 신경 써서 지도 부탁드립니다."

엄마는 그렇게까지 아이의 공부가 뒤처져 있다고 생각하지 않았었고, S 자신도 똑바로 하고 있다고 자평하던 터라 다소 당황하였다고 한다. 그래서 두 사람은 '함께 열심히 공부해서 선생님을 깜짝 놀래주자'며 작전을 세웠다. 코칭 체험이 있는 엄마는 우선 아이에게 이렇게 물어보았다.

"S는 어떻게 되고 싶어?"

그러자 딸은 공부와 운동을 모두 잘하는 친구 이름을 대면서 말했다.

"K같이 되고 싶어!"

"어떻게 하면 그렇게 될까?"

"응, 산수 카드를 매일 두 번 풀면 돼."

"그렇구나. 산수 카드를 매일 푸는구나. 그것 말고는?"

엄마는 이런 식으로 행동을 구체적으로 이끌어냈다. 그러다 문득 엄마의 입에서 "K는 정말로 뭐든 잘하는구나!" 하는 말이 튀어나왔다. 그러자 딸이 이런 말을 했다.

"하지만 내가 K한테 지지 않는 게 하나 있어!"

"정말? 그게 뭔데?"

"음, 그건 말이야, 미소! K는 뭐든 잘하지만 잘 안 웃거든. 하지만 나는 항상 웃고 있잖아."

그 말을 듣고 엄마는 딸이 '기죽지 않았구나, 근성이 있구나' 하는 마음이 들어 대견스러워졌다.

저녁에 퇴근한 남편에게 S는 딸과 나눈 이야기를 들려주었다. 그러자 남편은 이렇게 말했다.

"그건 우리가 아이에게 애정을 갖고 있다는 것이 확실히 전해졌기 때문이야. 그래서 S는 자신을 부정하지 않고 신뢰하고 있는 거지."

엄마는 그 아버지에 그 딸이라며 새삼 대단하다는 생각을 하였다. S와는 달리 빈틈이 없는 노력파 스타일인 엄마는 그때까지 딸과 남편의 느긋한 성향에 안달하기도 하고 의문을 품기도 했었다. 그녀는 마지막으로 내게 이런 말을 했다.

"요즘에는 그런 남편과 딸이 자랑스러워요."

S의 이야기를 들었을 때 나는 '아, 이런 모습이 자기긍정형의 아이구나' 하고 단번에 무릎을 쳤다. 요사이 아이를 자기긍정형으로 키우는 것이 얼마나 중요한지가 자주 언급되고 있다. 앞에서도 언급했듯이 아이의 이야기를 잘 들어주고 받아주면 아이에게 안정감과 자신감을 심어주고 자기긍정으로 이끌 수 있다.

하지만 '자기긍정형의 아이'가 어떤 모습인지 구체적으로 떠오르지 않을 수 있다. 스스로에 대해 자신이 있는 아이, 남들에게 지지 않으려고 열심인 아이, 본인을 괜찮다고 생각하는 아이… 그 어느 쪽도 뭔가 부족하고 추상적이다.

그렇다고 해서 공부와 운동 모두 잘하는 우등생도 아니고, 누구에게도 지지 않겠다는 의지가 강한 아이는 더욱 아니다. 그런 의문이 깊어갈 무렵 S의 이야기를 듣고 나는 비로소 깨달았다.

친구의 좋은 점을 분명히 인정하지만 자신의 장점도 솔직하게 말할 수 있는 아이. 주위 사람들이 뭐라고 하던지 마지막에는 자신을 믿을 수 있는 아이. 그리고 자신의 장점과 단점을 포함해서 자신을 좋아하는 아이. 그런 아이가, 아니 그런 인간이 되었으면 하는 것이 모든 부모들의 바람이 아닐까?

엄마에겐 '입을 다무는' 연습이 필요하다

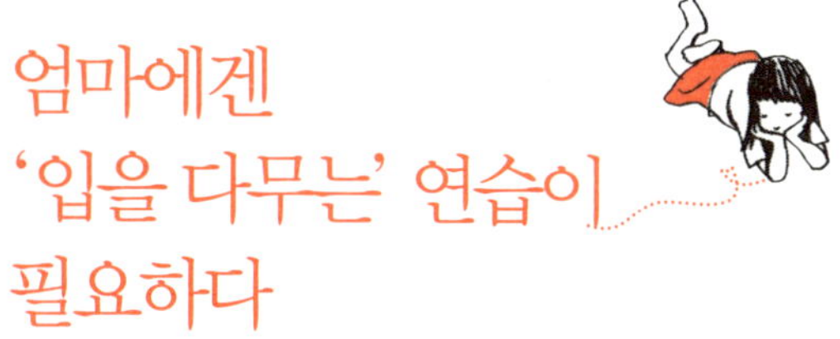

　코칭에는 커뮤니케이션 테크닉이 100개 이상 존재한다. 그중에서 내가 특별히 독창적이라고 생각한 것이 '침묵' 스킬이다. 침묵 스킬이라고 해서 뭔가 특별한 것이 있는 것은 아니다. 그냥 말없이 상대의 대답을 기다리는 것이다.

　고작 그것뿐이냐고 반문할지 모르지만, 이것을 하나의 스킬이라고 생각하고 대화하는 것만으로도 큰 변화가 생긴다. 특히 '아이가 말하기 전에 참지 못하고 내가 먼저 말을 해버린다'라고 하소연하는 수다쟁이 엄마들이라면 더욱 중요하다.

　사실은 나 자신이 큰 변화를 겪었다. 나는 오랜 세월 프리랜서 작가로 활동하면서 다양한 사람들의 이야기를 들을 기회가 있다. 한 주에 최소 한 사람이라고 해도 벌써 30년에 이르는 세월이니 대략 1500명 이상의 사람들을 인터뷰해온 셈이 된다.

그러나 솔직히 말하면 나는 인터뷰가 서투르다. 특히 테이프 레코더를 돌려야 하는 딱딱한 자리에서 대화가 끊기거나 상대가 좀처럼 질문에 대답하지 못하면 금세 조바심이 나서 쓸데없는 말을 지껄이거나 대답을 먼저 하는 등 스스로 무덤을 판다. 이런 식으로 내가 말을 많이 하면 할수록 '진짜 원하는 대답'은 멀어진다.

그런데 '침묵도 하나의 스킬이다'라는 항목을 머릿속에 넣어두자 우선 침묵이 무섭지 않게 되었다. 그러니 여유 있게 상대를 대할 수 있게 되었다. 내 질문에 상대가 대답을 못하고 있어도 더 이상 안절부절 불안해 하지 않는다. '아, 지금 질문에 대답을 생각하는 중이구나'라든지 '조금 전에 한 대답의 뒷말을 아직 찾고 있구나' 하는 식으로 상대의 감정을 따라간다. 이렇게 생각하니까 한층 안심이 되어 방글방글 웃으며 상대의 대답이 나오길 기다리게 된다.

코치는 항상 '대답은 반드시 클라이언트 안에 있다'고 믿고 이야기를 듣고, 질문을 던진다. 역으로 말하면 상대를 믿지 못하면 느긋하게 기다릴 수가 없다.

그러고 보면 예전에 쉴 새 없이 말을 이어갔을 때 상대방은 나에 대해 불신을 품지 않았을까? 채근하는 듯한 느낌을 받았을지도 모른다. 이런 분위기에서 진정한 대답이 나올 리가 없다.

덕분에 나는 인터뷰 공포를 극복하고 더 대화를 즐길 수 있게 되었다. 침묵 스킬을 좀더 빨리 알았더라면 하는 아쉬움이 생길 정도이다.

침묵은 부모와 아이의 커뮤니케이션에서도 아주 중요하다. 상대가 아직 어리거나 느긋한 성격이라면 대답을 찾거나 감정을 말로 표현하는 데 시간이 더 많이 필요할 것이다. 충분히 기다려 주도록 하자.

단, '빨리 말을 해라' 하는 식으로 무서운 눈초리로 기다린다면 곤란하다. 초조한 듯 시계를 계속 쳐다보는 것도 아이에게 위압감을 줄 수 있다. 그러므로 시간이 촉박할 때는 무리하지 말자. '아이의 이야기를 충분히 들어주자'는 마음이 생길 때 시도해보면 된다.

'침묵의 스킬'을 의식함으로써 무의식적으로 끼어드는 엄마의 말 습관을 고칠 수도 있을 것이다. 예로부터 내려오는 '침묵은 금'이라는 말에는 진실로 깊은 의미가 담겨 있다.

포옹,
백 마디 말보다 큰 위로

아이를 받아주는 요건으로 '세심하게 보기, 세심하게 듣기, 세심하게 접촉하기'라는 세 가지를 들었다. 이제 마지막에 나오는 '세심하게 접촉하기'에 대해 알아보자.

이제까지 많은 엄마들의 이야기를 듣고, 나 자신이 아이들을 키워오면서 확신을 갖게 된 것이 바로 '접촉'의 중요성이다. 내가 이렇게 생각하게 된 결정적인 에피소드 두 가지를 소개한다.

막내 콩이가 생후 5~6개월이나 되었을 때의 일이다. 당시 친아버지와 시아버지 두 분에게 매우 심각한 병환이 있었다. 웬일인지

두 분이 비슷한 시기에 나란히 말기암 선고를 받은 것이다.

나는 남편과 시간을 조정하면서 간병과 병문안을 위해 고베와 나라를 바쁘게 오갔다. 밤중에 전화가 울리면 가슴이 철렁하는, 그야말로 가시방석 같은 날의 연속이었다.

그날도 맏이와 땡이를 보육원에 맡기고 아직 아기였던 콩이만 데리고 친정아버지 상태를 보러 갔었다. 외출에서 돌아와 집에 막 들어선 순간 불현듯 피로가 한꺼번에 몰려와 꼼짝 못하고 서 버렸다. 무엇인지 알 수 없는 무력감에 사로잡혀 그대로 어디론가 쑥 떨어져버릴 것만 같았다.

하지만 그때 내 품 안에는 내 몸과 마음을 붙잡아주는 확실한 존재가 있었다. 부드럽고, 따뜻하고, 박동이 느껴지는 존재. 생명의 빛에 가득 차 있는 온전한 존재.

내가 콩이를 안고 있지만, 동시에 나는 콩이에게 안겨 있었다. 큰 사랑이 나를 감싸고 있다는 한없는 위안을 받은 것이다. 그 어린 아이를 안고 있으면서 나는 깊은 사랑을 받고 있다는 느낌을 받은 것이다.

지금 생각하면 그 시기에 콩이가 곁에 있어준 것은 내게 커다란 버팀목이었고, 위안이었다.

아이가 아직 아기인 동안 엄마는 싫어도 아기를 많이 안아주어야 한다. 내 몸이 힘들고 지칠 때나 품에서 떨어지지 않는 아기에게 얽매여 있다는 느낌이 들 때면 '하루라도 빨리 벗어나고 싶다!'는 생각이 들기도 할 것이다. 하지만 나는 아이를 안으면서 엄마도 많은 은혜를 받는다고 생각한다.

'살이 닿는다는 것'은 어느 한쪽이 일방적으로 주는 것이 아니다. 닿는다는 것은 닿아지는 것, 닿아지는 것은 닿는 것이다. '접촉'은 서로 주고, 서로 받아주는 쌍방향 커뮤니케이션이다.

또 하나의 에피소드를 소개한다. 역시 콩이가 세 살 되던 해의 일이다.

한 살 위 누나인 땡이가 투정이 한창 심한 네 살이었다. 콩이는 매일같이 울음을 터뜨리면서 내게 달려왔다. 콩이는 막내답게 '우는 것이 최대의 무기'이고 '울어서 엄마를 내 편으로 만들면 승리한다'는 계산을 하고 있었을 것이다.

나는 그런 콩이의 호소에 일일이 반응하면서 '내가 어떻게든 정리를 해줘야지!' 하며 둘 사이에 개입해서 땡이를 야단치거나 설교하거나 화해시키기도 했다.

그런데 그날은 콩이가 울면서 품에 안기더니 웬일인지 평소처럼 '누나가 이랬어 저랬어' 하고 이르지 않았다. 그저 가만히 안겨

있기에 나도 그저 조용히 등을 쓸어주었다. 그러자 2,3분 뒤 울음을 멈추고 콩이는 아무 일 없었던 듯 아이들 방으로 다시 돌아갔다. 그 사이 우리는 아무 말도 하지 않았다.

이것은 내게 있어 큰 발견이었다. '아이들의 마음을 받아주는 데 꼭 말이 필요한 것은 아니다'라는 사실에 눈을 떴기 때문이다. 무슨 말을 해야 좋을지 모르겠다는 고민이 들 때는 그저 안아주는 것만으로 충분하다. 아이와 살을 접촉함으로써 마음을 받아주는 동시에 엄마의 마음도 충분히 전달되므로 이보다 더 편리한 커뮤니케이션은 없다. 설령 '세심하게 본다' '세심하게 듣는다'를 잘하지 못하더라도 '세심하게 접촉한다'만 할 수 있다면 그것으로 이미 충분한지도 모른다.

살을 맞대면
신뢰가 깊어진다

접촉을 하는 것은 서로 마음을 주고받는 쌍방향 커뮤니케이션이다. 때로는 접촉이 말보다 더 정직하게 마음을 전한다. '스킨십의 효용'에 대해서는 예전부터 여러 연구나 실험이 이루어져 왔다.

이런 이야기를 들은 적이 있다. 옛 유럽의 어느 나라 왕이 아이가 어떻게 말을 할 수 있게 되는지 알아보기 위해 '갓 태어난 아이에게 우유만 주고 일체 말을 걸거나 접촉하지 않고 키우는' 잔혹한 실험을 하였다.

그런데 아기들은 모두 말을 배우기 전에 죽어버렸다고 한다. 아기들의 무덤에는 '그들은 애무 없이는 살 수 없었다'는 비문이 새

"

겨졌다고 한다.

이는 매우 극단적인 예이지만 스킨십은 인간, 특히 영유아나 아이들에게 있어 필수적인 '생물학적 니즈(needs)'이다. 스킨십을 통해 아기는 심신이 건강한 성인으로 성장할 수 있다.

최근에는 피부 연구를 통해 살이 맞닿는 것이 여러 가지 장점이 있다는 사실이 밝혀지고 있다. 그중에서 특히 흥미로운 것은 '피부 자극으로 인해 옥시토신이라는 호르몬이 분비된다'는 실험결과이다.

옥시토신은 수유기 아기가 젖을 빨면 엄마의 뇌하수체에서 분비되어 모유 분비를 촉진시키는 호르몬이다. 옥시토신은 냄새를 맡는 것만으로도 타인에 대한 신뢰감을 높이기 때문에, 타인과의 신뢰나 상호관계 유지에 유익해서 '신뢰 호르몬'이라고도 불린다고 한다. 이 호르몬을 감지하는 기능이 파괴된 쥐는 공격성이 증가하고, 엄마 쥐도 정상적으로 새끼를 돌보지 않게 되었다는 논문도 발표된 바 있다.

다시 말해 부모와 자식이 살을 맞대면 맞댈수록 서로 신뢰가 깊어지는 것이다. 젖을 먹이고, 안아주고, 업어주고, 손을 많이 잡을수록 육아가 더욱 즐거워지고 유익해질 것이다. 너무나도 간단하지 않은가?

영아일 때는 젖을 먹이고 기저귀를 갈아주고 목욕을 시켜주고, 안아주어야 하기 때문에 신체를 접촉하는 시간이 적지 않다. 아기가 조금 자라 유아가 되면 이젠 아이 쪽에서 안아 달라, 업어 달라, 조르게 된다. 그러다 조금 더 자라면 신체 접촉이 점점 줄어들게 된다. 그런데 가능하면 초등학생이 되고, 사춘기가 되더라도 최대한 '신체접촉'을 지속하는 것이 좋겠다.

물론 언제까지고 예전과 같이 포옹을 할 수는 없을 것이다. 그 대신 뭔가 다른 방법을 생각해보자. 각 가정이나 아이에 맞춰 '우리 집만의 스킨십' 형태를 만들어보는 것이다.

여자 아이라면 초등학교 정도까지는 손을 잡고 다닐 수 있을 것이다. 어렸을 때부터 마사지를 계속 해주어 습관화하는 것도 좋겠다. 특별히 '스킨십'이라고 거창하게 생각하지 않더라도 잠깐 머리를 어루만져주거나, 등이나 어깨에 손을 얹거나, 볼을 만지는 등의 터치도 좋다.

어떤 엄마는 '항상 현관에서 배웅을 할 때 하이파이브를 했더니 까다로운 사춘기에도 별 어려움 없이 지속하게 되었다'고 힌트를 주었다.

다루기 힘든 사춘기가 되면 아이 쪽에서 스킨십을 요구하는 일이 거의 없을 것이다. 하지만 우리 집의 경우는 큰애가 초등학교

6학년 때 이런 사인을 보내온 적이 있다.

아이는 아침에 일찍 일어나 '등을 쓸어달라'고 하더니 다음엔 '일으켜달라'며 손을 쭉 뻗었다. 샤워 후에는 '머리를 말려 달라'며 타월을 던졌다. 내가 땡이와 콩이의 손톱을 잘라주고 있을 때 26cm나 되는 커다란 발을 들이밀기도 하였다.

지금 돌이켜보면 이런 모든 행동은 큰아들이 스킨십을(필시 본인도 의식하지 못한 채) 요구했던 것이다. 그러나 그때는 나보다 훨씬 덩치가 커진 아들에게 '무슨 어리광이야!' 하며 핀잔을 주고 말았다. 그것이 접촉이나 신뢰를 구하는 무의식의 메시지였다는 것을 생각하면 더 잘해줄걸, 하는 생각에 마음이 아프다.

지금 초등학교 5학년과 4학년이 된 땡이와 콩이가 똑같은 행동을 할 때 그나마(전부는 아니지만) 그럭저럭 잘 응해주는 것은 이런 지식과 경험이 쌓인 덕분이다. 특히 땡이는 포옹을 좋아해서, 틈틈이 양 팔을 활짝 벌리고 웃으면서 달려온다.

이렇게 저항감 없이 스킨십을 할 수 있는 것도 엄마와 딸이 누릴 수 있는 특권일지도 모른다. 다 큰 딸아이가 안길 때 '이제 다 컸는데' '언니씩이나 돼서'라고 말하면서 밀어내지 말고 '신체접촉 커뮤니케이션'의 혜택을 충분히 즐기도록 하자. 가능하면 성인이 된 뒤에도 접촉이 자연스러운 모녀관계가 되기를 빈다.

머리 빗겨주는 시간을
특별한 순간으로 만들어라

"아이들은 모두 자기만의 특별한 시간을 원해요. 그러니 엄마가 자기에게만 뭔가를 해주는 것을 매우 좋아하죠. 예를 들어 여자 아이들이라면…"

내가 많은 도움을 받은 보육원 선생님이 이런 방법을 가르쳐 주셨다.

"여자 아이의 머리를 빗어주고, 따주거나 묶어주는 시간을 소중히 생각하세요. 남자 형제가 있는 경우는 특히 그 시간이 자기에게만 허락된, 다른 형제는 가질 수 없는 시간이라는 것을 알고 있기 때문에 한층 정서적으로 충족되는 것 같아요. 반대로 자매의

경우는 아무래도 경쟁적으로 엄마를 빼앗으려고 하겠지요. 그래도 머리를 묶어주는 동안은 아무리 짧은 시간이라도 엄마를 독점할 수 있으니 역시 귀중한 시간이겠지요."

분명 땡이도 머리를 묶어주는 시간을 매우 좋아했다. 엄마가 거울 너머로 지긋이 바라보며 머리를 만져주고, 둘만의 수다 시간이 생기고, 엄마의 귀여움을 독차지할 수 있기 때문이다. 이 짧은 시간에 여자 아이들이 좋아하는 것이 줄줄이 실현되는 것이다.

보육원 선생님은 이런 말도 덧붙였다.

"그런 시간을 최대한 소중히 잘 만들어보세요. 초등학생이 되고, 중학생이 되어도 딸이 원한다면 얼마든지 해주시고요. 분명 엄마와의 멋진 추억으로 간직할 겁니다."

고백하자면 땡이가 3,4살 때부터 '머리 빗어줘' '묶어줘' '땋아줘' 하며 주문을 할 때면 바쁜 아침에는 매몰차게 뿌리치기도 하였다. 시간이 조금 있어서 서둘러 머리를 묶어주면 '아파, 살살 좀 해요' '조금 위에 다시 묶어줘' '여기 머리가 삐져나왔잖아' 하며 불평을 해댔다. 그러면 나도 슬슬 약이 올라 '네가 자꾸 움직이니까 그렇지!' '그럼 네가 직접 하던가!' 하며 말싸움으로 번지는 일도 종종 있었다. 그러나 선생님의 말을 듣고 나서 반성이 많이 되

었다. 모처럼 둘만의 시간을 조금 더 소중히 해야겠다고 새삼 다
짐하였다.

초등학교 5학년이 된 지금도 매일 아침 '엄마 머리 묶어줘'라며
다가오는 땡이. 성가시지 않은 것은 아니지만 그래도 딸이 나름
대로 애정을 요청하는 표현이라 생각하고 기꺼이 거울 앞으로 향
한다.

여기까지 쓰고 보니 떠오르는 기억이 하나 있다. 벌써 40년도
더 된 이야기이다. 초등학생 시절 나는 줄곧 긴 머리를 하고 다녔
다. 하지만 긴 머리를 그대로 늘어뜨린 채 학교에 간 기억은 한번
도 없고 아래에서 하나로 묶거나, 포니테일 스타일을 하거나, 갈
래로 따거나 했었다.

그중에서도 기억에 남는 것이 포니테일 스타일로 한 뒤에 머리
를 둘로 나누어 땋아 내린 모양이다. 이런 스타일을 뭐라고 하는
지, 왜 그런 식으로 꾸미길 좋아했는지 기억이 나지 않는다. 어쩌
면 TV에서 외국 체조선수가 그런 머리모양을 하고 있었을지도 모
르겠다. 어쨌든 그런 특이한 머리모양이 초등학생인 내게 작은 자
랑거리였다. 머리를 흔들면 두 갈래로 땋은 머리카락이 흔들거리
는 감촉이 전해졌던 기억이 지금도 생생하다.

엄마는 그런 귀찮은 요구에 참 잘도 응해주셨다. 게다가 엄마가 싫어하거나 귀찮아했던 기억이 전혀 없다. 그것만으로도 내가 엄마에게 얼마나 많은 사랑을 받았는지 짐작할 수 있다.

설령 그때는 아무것도 의식하지 못했고, 40년 가까이 거의 잊어버렸던 추억일지라도 그 온기와 신뢰는 분명 마음 어딘가에 새겨져 있음이 분명하다.

당신의 딸은 어떤가? 만약 머리가 짧으면 잘 빗어주거나 작은 장식을 달아줄 수도 있을 것이다. 딸이 서너 명이나 되면 머리 빗겨주는 일만 해도 큰일일 수 있겠지만 그래도 엄마가 머리를 만져준 추억은 딸들의 가슴에 깊이 새겨질 것이다. 그리고 빗질을 해주는 엄마에게 '귀엽네' '잘 어울리네' 하고 칭찬을 들은 딸은 분명 자신이 여성이라는 것을 솔직하고 긍정적으로 받아들일 것이다.

딸이 있어 가질 수 있는 행복한 시간, 그 시간을 소중히 누려보자.

"안 돼.
꼭 할 거야.
한다고 약속했잖아.
오빠만 하고
미워!"

반듯한 딸로 키우는 가정교육 노하우 *

화가 나더라도 감정적으로 아이에게 풀지 않고,
분명히 '안 된다는 것'을 전하는 것이 올바른 가정교육이다.
이것이 잘 화내고, 잘 혼내는 엄마의 모습이다.

감정은 받아주고
행동은 절제시킨다

앞 장에서 아이를 받아주는 것이 얼마나 중요한지에 대해 설명하였다. 부모가 받아주면 아이는 안심하고 자신을 표현한다. 또한 '있는 그대로 자신의 모습'에 대해 긍정하며, 부모와의 관계에도 신뢰를 쌓아간다. 이것이 육아에 있어서 가장 기본이라는 것은 아무리 말을 해도 지나침이 없다.

그런데 이쯤에서 자주 나오는 질문이 있다.

"모든 것을 받아주면 응석받이가 되지 않을까요?"

"아이의 버릇이 나빠지지 않을까요?"

"나쁜 일을 했을 때 혼내지 않아도 되는 건가요?"

어쩌면 이 글을 읽고 있는 당신도 같은 생각을 하고 있었는지 모르겠다. 물론 '모든 것을 전부 받아주어라' 혹은 '받아주기만 하면 아무것도 안 해도 좋다'는 말이 아니다. 우선 아이의 이야기를 듣고 감정을 받아준다. 그런 다음 아이의 감정이 가라앉거나 충족된 뒤에 조언이나 메시지를 확실히 전달한다는 것이다. 중요한 것은 순서이다.

꼭 알아두어야 할 포인트는 '받아준다는 것'이 곧 '상대가 하는 말대로 움직이는 것'은 결코 아니라는 점이다. 예를 들어 과자를 파는 곳에서 아이가 '과자 사줘!' 하고 떼를 쓴다고 하자. 그때 '알았어, 알았어. 과자가 먹고 싶구나' 하며 무조건 사주는 것은 응석받이 아이로 만드는 길이다. 아이는 떼를 쓰면 요구가 관철된다는 것을 학습하기 때문에 점점 정도가 심해질 것이다.

'그래, 과자가 먹고 싶구나' 하고 아이의 욕구를 받아주고서도 '하지만 오늘은 안 살 거야' '약속했으니까 안 돼지' '내일 사자'라는 말로 부모의 의사를 전해야 한다. 이것은 응석을 받아주는 것이 아니다. 이것이 가정교육이다.

'아이의 마음을 받아주는 것'과 '아이 뜻에 따라 뭔가를 해주는 것'은 전혀 별개이다. 뭔가를 해줄지 어떨지는 마음을 받아준 다음 부모가 판단할 문제이다. 그리고 '마음은 알겠지만 이러저러한 이유로 요구는 받아줄 수 없다'고 일단 말한 뒤에는 끝까지 원칙을 지키는 것이 중요하다. 도중에 꺾여버리거나, 아이를 동정하여 과자를 사준다면 결국 어리광에 응해주는 셈이 된다.

여기서 중요한 포인트가 한 가지 있다. 엄마가 크고 든든한 '벽'이 된다는 마음으로 듬직하게, 그리고 한결같은 태도로 대처해야 한다.

'받아준 다음 메시지를 전달한다'고 했지만, 이는 때와 장소에 따라 달라진다. 예를 들어 아이가 도로로 뛰어나갈 때, 친구를 때릴 때 같은 급박한 상황에서 태평하게 '뛰쳐나가고 싶을 정도로 기분이 좋구나' '때리고 싶을 정도로 화가 났구나' 하고 말하는 엄마는 없을 것이다.

위험할 때, 좋지 않은 일을 할 때에는 우선 '멈추도록 하는' 것이 당연하다. 또한 흥분해서 소동을 피울 때, 떼를 쓰며 큰소리로 울어댈 때에도 먼저 상대를 '안정시키는' 것이 순서이다.

이런 상태에 있는 아이에겐 어떤 메시지도 전혀 통하지 않기 때문이다. 엄마가 힘써 큰소리를 쳐도 별 효과가 없다. 오히려 아이도 지지 않으려고 더 큰소리로 울어댈 뿐이다.

이럴 때 우선은 아이를 안아 진정시키거나 그 자리를 피해 데리고 나온다. 울어도 상관없는 장소라면 그대로 우는 모습을 지켜보면서 아이의 흥분이 가라앉기를 기다린다. 이때 '왜 말을 안 들어!' '언제까지 울 거야?!' '진짜 창피해'라며 아이를 꾸짖으면 자칫 역효과를 불러온다.

여기서도 엄마는 될 수 있는 한 '벽'이 되어 냉정을 유지하도록 의식적으로 노력해야 한다. 이 방법에 대해서는 다음 항목에서 좀 더 자세히 이야기해보자.

떼쟁이 딸을 다루는 특별한 방법

아이가 떼를 쓸 때 어떻게 대처할까? 땡이에게 있었던 일을 통해 방법을 찾아보자.

코칭을 시작하고 얼마 되지 않았을 무렵이었다. 당시 나는 '아이들의 투정에 대처하는 요령'에 대해 얼마간 눈을 뜨기 시작한 참이었다.

하루는 땡이와 콩이, 큰아이 이렇게 세 아이를 데리고 놀이시설에 놀러갔다. 그곳은 어린이 도서관과 놀이기구가 있는 놀이방, 컴퓨터로 놀 수 있는 컴퓨터방 등이 있어서 자유롭게 왕래하도록 되어 있었다.

셋이 놀이방에서 한참 신나서 놀다 땡이가 그림그리기에 빠져 있자 큰애와 콩이는 컴퓨터방으로 갔다. 그리고 얼마 있다 둘은 컴퓨터로 만든 그림을 인쇄하여 가지고 돌아왔다. 그림을 보더니 땡이도 갑자기 컴퓨터가 하고 싶어졌다.

"나도 할래!"

"알았어. 하지만 지금 점심시간이니까 도시락 먹고 가서 하자."

이렇게 말하고 점심식사가 끝난 뒤 컴퓨터방으로 갔더니 단체 관람객이 들어온 듯 '2시간 대기'라는 명찰이 붙어 있었다. 이를 알고 땡이는 그만 화가 폭발하고 말았다.

"안 돼! 꼭 할 거야!"

"한다고 약속했잖아!"

"오빠만 하고 미워!"

사람들 통행이 많은 엘리베이터 앞에 털썩 주저앉아 땡이는 반항을 하였다. 아무리 달래도 막무가내였다. 이런 경우 예전의 나라면 두세 번 설득을 해보고 안 되면 "무슨 소리야, 안 되는 거는 안 되는 거지!" 하며 폭발하였을 것이다. 그리고는 아이나 나나 모두 화가 머리끝까지 난 채 억지로 아이를 데리고 돌아갔을 것이다. 그런데 그때 나는 조금이지만 코치 세계에 눈을 뜨고 있었다.

"약속했는데…, 미안. 하지만 두 시간이나 기다릴 수 없으니까 오늘은 돌아가자."

울부짖는 땡이 앞에서 애써 냉정을 가장하여 오로지 이 말만을 반복했다. 지나다니는 사람들의 시선이 느껴졌지만, 그럼에도 10분, 15분 정도 이 말만 반복했다. 그러자 땡이가 울면서 이렇게 소리 질렀다.

"그러면, 다음에 올 때 컴퓨터 많이 할 거야!"

이렇게 해서 우리들은 무사히 집에 돌아올 수 있었다. 그때 나는 정말 많은 것을 배웠다.

♥상대의 감정에 휘말리지 않도록 가급적 냉정을 유지할 것
♥안 될 때는 안 된다는 것을 반복해서 말할 것
♥이쪽에서 이것저것 대안을 말하지 말고 가능하면 본인의 입으로 말하도록 할 것
♥진검승부의 시기엔 사람들의 시선을 신경 쓰지 말 것

하지만 지금 돌이켜보면 반성할 부분도 있다. 떼를 쓰기 시작했을 때 땡이의 마음을 더 받아줄 걸 하는 점이다.

"그래! 땡이도 하고 싶었구나."

"약속했는데 못해서 속상하지?"

“오, 그래. 화가 나?”

“속상하구나!”

그렇게 충분히 받아주었다면 땡이의 마음도 훨씬 빨리 풀렸을 것이다. 아직 그 정도까지 내게 여유가 없었던 것이다. '땡이에게 휘둘리지 말고 냉정하게 대처해야지' 하는 마음만 강했던 듯하다.

'받아주면서 벽이 되라'는 룰은 바로 이러한 모습을 의미한다. 이런 대처 요령이 있다는 것을 알고 있는 것만으로도 엄마는 한층 냉정을 유지할 수 있다. 상황이 객관적으로 잘 보이면 다른 주변 여건에도 눈을 뜰 수 있다.

이제 딸이 떼를 쓰면 여러분도 '찬스!'라는 생각으로 한번 시도해 보자. 이렇게 해서 하나씩 자기 나름의 '응석 대처법'을 찾는 것이다.

'화내는 것'과 '혼내는 것'을 구별하라

아이의 가정교육에 관해 엄마들이 하는 얘기를 들어보면 '이런, 뒤죽박죽이네' 하고 느낄 때가 있다. 일반적으로 엄마들이 가장 힘들어하는 부분이 '화'에 대처하는 방법이다. 이 문제를 해결하기 위해 먼저 '화내다'와 '혼내다'가 어떻게 다른지 알아보자.

【화내다】 노하다, 성내다

【혼내다】 (아랫사람에 대해) 상대의 좋지 않은 언동을 나무라며 강한 태도로 꾸짖다

일반적으로 '선생님이 화를 내셨다'고 할 때 '혼났다'는 의미도 포함된다. 하지만 본래 '화내다'란 '화'라는 감정을 느끼는 것, 또는 이를 밖으로 표현하는 것이다.

이에 비해 '혼내다'에는 감정이 들어 있지 않다. 아이를 '혼내는' 목적은 아이들의 좋지 않은 언동을 나무라서 개선시키는 것, 즉 '좋지 않은 것을 좋지 않다고 가르치고 이를 통해 그런 행동을 줄이도록 만드는 것'이다. 내가 이 장에서 말하고자 하는 '혼내는 법'도 우선 그런 의미에서 이해해두자.

자, 그럼 여기서 몇 가지 질문을 해보자.

"당신은 하루에 몇 번 정도 화를 내십니까?"

"당신은 하루에 몇 번 정도 혼을 내십니까?"

"당신은 더 이상 화내지 않기를 바라십니까?"

"당신은 더 이상 혼내지 않기를 바라십니까?"

다소 까다롭기는 하지만 그 차이를 잘 의식하면서 생각해보자. 당신이 아이들에게 강한 태도로 뭔가를 말할 때 '지금 나는 화를 내고 있는 건가? 아니면 혼내고 있는 건가?' 하고 스스로에게 우선 물어보는 것도 좋겠다.

화, 참는 게
능사가 아니다

2005년 나는 《오늘부터 화내지 않는 엄마가 되는 책!》이라는 책을 냈다. 이를 통해 절실하게 느낀 것은 '화내지 않는 엄마가 되고 싶은' 엄마들이 얼마나 많은가 하는 사실이다.

많은 분들이 책방에서 제목을 보자마자 자신도 모르게 집어 들었다는 말을 하였다. 아이들에게 화를 내고 싶지 않아서 인터넷으로 검색하다 이 책을 만난 분들도 많았다.

뿐만 아니라 이 제목 그대로 한국어판과 중국어판이 출간되었으니 이 또한 놀라운 일이다. 특히 한국의 엄마들로부터 '지금 내 고민을 해결해 주었다'는 메일이 답지하였다. 화내고 싶지 않은 마음은 엄마라면 모두 마찬가지인가 보다.

나에게 코칭을 의뢰한 엄마들에게도 '아이에게 화를 내다 완전히 지쳤다. 이제 그만 화를 냈으면 좋겠다'는 고민을 적잖이 듣는다.

하지만 나는 점차 의문이 생겼다. 화를 내는 것이 그렇게 나쁜 것인가?

어쩐지 여기서도 무언가 '뒤죽박죽' 되어 있는 듯했다. '화내다'라는 말에 '화라는 감정을 느끼는 것'과 '화를 외부로 표현한다'는 두 가지 의미가 있다면 나쁜 것은 '화를 밖으로 표현하는' 방법, 즉 '과도하게 화를 표현하여 아이들에게 풀어버리는 것'이 아닐까. 한편 '화를 느끼는 것'은 자연스러운 감정이므로 굳이 이를 부정하거나 피할 필요는 없지 않을까.

심리학에서도 '좋은 감정과 나쁜 감정이 따로 있지 않다'고 한다. 사람이 감정을 느끼는 것은 자연스러운 일이다. 오히려 아무것도 느끼지 않는다면 그것이야말로 큰일이다. 기쁨이나 즐거움을 느끼는 것은 좋지만 분노나 슬픔을 느끼는 것은 좋지 않다는 생각이야말로 억지일 것이다.

그러나 여러 엄마들의 이야기를 들어보면 '좋은 엄마가 돼야지' '상냥한 엄마가 돼야지' 하는 생각에 사로잡혀서 화를 필요 이상으로 피하고, 화를 낸 자신에 대해 혐오감을 느끼거나 스스로를 책망하는 모습도 보인다.

그럴 때 나는 클라이언트에게 이런 질문을 던진다.

"화내는 것은 안 좋은 것입니까?"

"화내는 것은 무엇이 가장 문제입니까?"

"화를 내는 대신 어떻게 하고 싶으십니까?"

"화를 발산한다면 어떤 방법이 있습니까?"

화가 났다면 일단 그 화를 받아들이도록 하자. 앞 장에서 '아이의 부정적인 감정을 인정해주지 않으면 이는 해소되지 않은 채 점점 증폭된다'고 말하였는데 엄마 자신의 화 역시 마찬가지다.

우선 '아, 지금 나는 화가 났다'는 것을 분명히 받아들이고 화를 직접적으로 아이들에게 풀지 않도록 발산법이나 해소법을 시도해보는 것이 바람직하다. 우선 잠시 심호흡을 해보는 것도 좋겠다. 그 자리를 떠나거나, 거울을 보거나, 시계를 보는 것도 효과가 있다.

《불가능을 가능하게 하는 최강의 공부법》의 저자인 뇌과학자 요시다 다카요시는 불안이 쌓이고 분노가 폭발할 것 같으면 셋까지 숫자를 셀 것을 권한다. '하나, 둘, 셋' 하고 머릿속으로 똑똑히 생각하며 세는 것이 좋다고 한다.

분노 등의 감정은 뇌 안쪽에 있는 대뇌변연계라고 하는 곳에서 만들어지는데, 숫자를 세면 이성적인 감정처리를 하는 전두엽이라고 하는 부분이 작동하기 시작해 뇌가 냉정 모드로 바뀐다는 것이다.

미국 심리학자인 파트 팔머가 쓴 《화를 내자》라는 책의 첫 페이지는 이렇게 시작된다.

"화내는 것은 좋은 것이다."

그리고 마지막 페이지는 이렇게 마무리 짓고 있다.

"당신의 분노는 사람을 상처주기 위함이 아니라 당신 자신을 지키기 위한 것이다. 그리고 기억해 두자. 당신의 화는 당신 자신을, 그리고 세계를 더 낫게 바꿀 가능성이 있다는 것을."

아이가 울거나 웃거나 화내는 것을 받아주고 허락하고 공감할 수 있도록 엄마 자신도 울고 웃고 화내는 것임을 인정하고, 허락하고 받아들이길 바란다. 그렇게 생각하고 현명하게 화내는 방법을 의식하다 보면 점점 나아질 것이다.

잘 화내고
잘 혼내는 엄마가 되라

'화내지 않는 엄마가 되고 싶다'고 고민하는 엄마가 있는가 하면 '혼내는 방법을 모르겠다' '잘 혼내는 엄마가 되고 싶다'는 고민을 토로하는 엄마도 매우 많다.

그러나 언뜻 보면 혼돈스럽긴 하지만 '화내다'와 '혼내다'를 구별하게 되면 진의는 대략 파악할 수 있다. 화가 나더라도 이를 감정적으로 아이에게 풀지 않고, 필요한 때 분명히 '안 된다는 것'을 전하는 것이 올바른 가정교육이다.

이것은 내가 이상적으로 생각하는 '잘 화내고, 잘 혼내는 엄마'의 모습이기도 하다.

그렇다면 잠시 여기서 초심으로 돌아가 생각해보자.

'당신은 무엇을 위해 혼내는가?'

'똑바로 혼낸다는 것은 무엇인가?'

'혼내는' 목적은 '안 되는 것을 안 된다고 말하고 이를 이해시키고 좋지 않은 행동을 줄이는 것'이다.

그러나 실제 엄마들의 입에서 나오는 말은 '아무리 혼을 내도 아이가 말을 듣지 않는다' '혼을 내도 전혀 바뀌지 않는다'는 푸념과 체념뿐이다. 개중에는 '왜 몇 번 말을 해도 듣지 않는 거니?' '도대체 왜 또 같은 말을 반복하게 하니?'라며 혼내는(화내는?) 경우도 있다.

'몇 번을 시도해도 효과가 없는데 똑같은 방법으로 계속해야 할까?'

'달리 혼내는 방법은 없을까?'

코칭에는 효과적인 꾸지람을 위해 참고할 만한 힌트가 적지 않다. 그중 첫 번째 힌트가 '사실과 감정을 나눠라'이다.

예를 들어 매일 아침 아이가 늦장을 부려서 '빨리 해!' '뭐하는 거야!' 하고 혼낸다고 해보자. 이때 엄마 자신의 감정을 한번 객관적으로 돌아보자.

엄마가 안달하여 안절부절 못하기 때문에 아이가 일부러 꾸물 거리는 듯이 보이고, 울컥 화가 치미는 것은 아닐까? 이런 감정을 아이에게 그대로 푼다면 아이는 오히려 귀를 막아버린다. 메시지 를 그대로 받아들일 수가 없는 것이다.

이때는 감정을 접어두고 전하고 싶은 사실만을 말하도록 하자. 더불어 말을 할 때는 '간단하게, 한 번에 하나씩'이 기본이다.

"빨리 밥 먹고, 이 닦아야지. 그리고 가방도 챙겨라!"

급한 마음에 이것저것 말을 하기 쉽지만, 이는 오히려 전달을 어렵게 할 뿐이다. 아이는 요구가 너무 많으면 잘 이해하지 못한 다. 예컨대 '방을 치워라'는 말도 어린 아이에게는 그다지 구체적 이지 않다.

"장난감을 이 상자에 넣어라."

"우선 바닥에 떨어져 있는 휴지를 주워라."

이런 식으로 내용을 잘게 부숴, 구체적으로 움직이기 쉽도록 지 시하는 것이 중요하다. 이는 코칭에서 '청크 다운(chunk down)' 이라고 하는 스킬이다. 커다란 돌을 작게 부숴가는 이미지라면 쉽 게 이해할 수 있을 것이다.

아이가 시끄럽게 떠드는 경우에도 "시끄러워!" "좀 조용히 해!" 하는 부정적 지시보다 "조금 작은 소리로 얘기해라." "뛰지 말고 걸어야지."와 같이 긍정적인 말이 아이에게 쉽게 전달된다.

그리고 가장 주의해야 할 것은 안 되는 것을 안 된다고 할 때 '행위는 부정해도 인격을 부정하지 말라'는 대전제이다. "왜 이렇게 못하는 거야!" "너는 쓰레기야!" "진짜 못 쓰겠다!"는 식의 말은 아이의 자긍심에 상처를 낸다.

"어떻게 하면 잘될 것 같아?"

"조금 빨리 해주면 엄마가 기쁘겠다."

"이번엔 잘되지 않았구나."

이런 식으로 돌려 말한다. 여기서도 역시 감정을 분리하는 냉정함이 필요하다.

지금까지 아이를 혼낼 때 필요한 요령을 몇 가지 소개하였는데, 실은 아직 큰 테마가 남아 있다. '무엇을 안 된다고 할 것인가' 하는 기준이다.

사실 '무엇이 안 되고 무엇은 될까'에 대한 절대적인 해답은 없다. 이는 부모와 아이의 수만큼, 가정의 수만큼 다양할 것이다. 바꿔 말해 이는 각자가 생각하고, 각자가 결정해야 하는 사항이다. '이것만큼은 양보할 수 없다' '이것만큼은 인간으로서 지켜야 한다'는 것들에 대해 스스로에게 묻고 대답을 찾아내는 것은 분명 각자의 인생에서도 큰 의미가 있다.

그에 대해서는 다음에 더 자세히 설명하고 있다.

우리 집만의 규칙을 만든다

아이에게 무엇을 안 된다고 금지할 것인가. 그 기준은 어디 있는가.

이는 그야말로 그 사람의 모든 인생관이 걸려 있는 중요한 전제이다. 엄마 자신이 어떻게 성장해 왔는가 하는 체험도 크게 좌우될 것이다. 이 '기준'은 아마도 오랜 시간 아이를 키우는 가운데 시행착오를 반복하며 쭉 계속될 것이다.

솔직히 말해 아직 나 자신도 아직 기준이 완성된 것은 아니다. 다만 현재 내가 중요하고 가장 근본이 된다고 생각하는 것은 우선 '생명을 소중히 여긴다' 하는 것이다. 당연한 말이지만 자신의 생명은 물론 다른 사람의 생명도 소중하다. 동물이나 식물, 먹을거리의 생명도 소중하다.

특히 아이가 어릴 때는 생명이 걸린 위험한 일조차 무심코 쉽게 저지를 수 있다. 자기나 다른 사람을 다치게 하는 일도 있을 것이다. 그런 때는 그 자리에서 바로 제지를 하고 강하게 혼을 내야 한다. 그리고 '이것은 안 돼!'라고 분명히 전해야 한다. 또한 다른 사람에게 상처를 입히는 것도 안 된다는 것을 반복해서 가르쳐야 할 것이다.

"생명을 소중히 여긴다"는 기준을 최고의 토대로 한다면 그 다음에 중요한 것은 "상대를 소중히 여긴다"는 마음가짐이 아닐까 한다.

사람이 인간관계 속에서 살아가는 이상 타인과(부모와 형제는 물론 친구, 선생님, 그 외 사람들까지 모두 포함하여) 원만하게 잘 어울리기 위한 룰을 아이에게 가르쳐주는 것도 부모의 역할일 것이다. 그 룰의 기본이 상대를 소중히 여기고, 존중하는 것이라고 생각한다.

약속을 지키지 않는다, 거짓말을 한다, 남을 업신여긴다, 험담한다, 자신의 요구를 강요한다, 무시한다, 폭력을 휘두른다, 나아가 많은 사람들이 있는 공공장소에서 소란을 피우거나 방해

한다….

이런 행동은 모두 상대를 소중히 여기지 않는 행동이다. 이에 대해서는 '다른 사람이 싫어하는 행동은 하지 않는다' '내가 싫어하는 행동은 다른 사람에게도 하지 않는다'는 식으로 쉽게 가르쳐준다.

아이가 아직 어릴 때는 이를 판단하지 못하는 것이 당연하므로 혼내기보다는 끈기 있게 알려주어야 한다. 아이가 어느 정도 커서 스스로 판단할 때가 되면 가능한 한 상대의 감정을 상상할 수 있도록 지도한다. 그리고 '어떻게 하면 잘못을 하지 않을지'를 아이에게 항상 물어본다. 이런 것은 다소 실천이 어렵지만, 평소 내가 마음에 두고 있는 것이다.

지금까지 일상생활에서 필요한 가정교육에 관한 기준을 살펴보았다. '우리 집만의 룰을 지킨다' '자신이 할 수 있는 일은 스스로 한다'라는 것도 당연하면서도 중요한 기준이다.

우리 집의 경우엔 '밤 10시에는 잔다, 아침에는 각자가 알아서 일어난다, 자기 방은 스스로 치운다, 정해진 심부름은 책임감 있게 한다' 등의 규칙이 있다.

무엇을 규칙으로 할지는 각 가정에 따라 다를 것이다. 이상적인 것은 아이와 함께 가족 전원이 인정한 규칙을 확실하게 명문화해

두는 것이다. 우리 집에서도 실천하지 못했지만, 가능하면 아이가 유아일 때부터 그런 습관을 만들어두면 좋다.

부모의 생각이나 사고를 전하고, 아이의 감정을 존중해서 서로 납득할 수 있는 규칙을 만든다면 이를 지키는 것도 훨씬 쉬울 것이다.

또한 규칙은 아이들의 성장과 함께 당연히 변해갈 것이다. 그때마다 가족들이 합의하여 수정·개선하면 된다.

최종적으로는 아이가 집에서 독립하는(할지 모르는) 18세에는 '모든 면에서 스스로 생각하고, 스스로 선택하면서 살아갈 수 있게 되는 것'이 지금 나의 바람이다.

당신은 어떤 '기준'으로 아이를 키우고 싶은가? 꼭 한번 진지하게 생각해보기 바란다. 중요한 것은 그 기준이 다른 사람의 기준이나 세상의 기준이 아닌, 당신 자신의 기준이어야 한다는 사실이다.

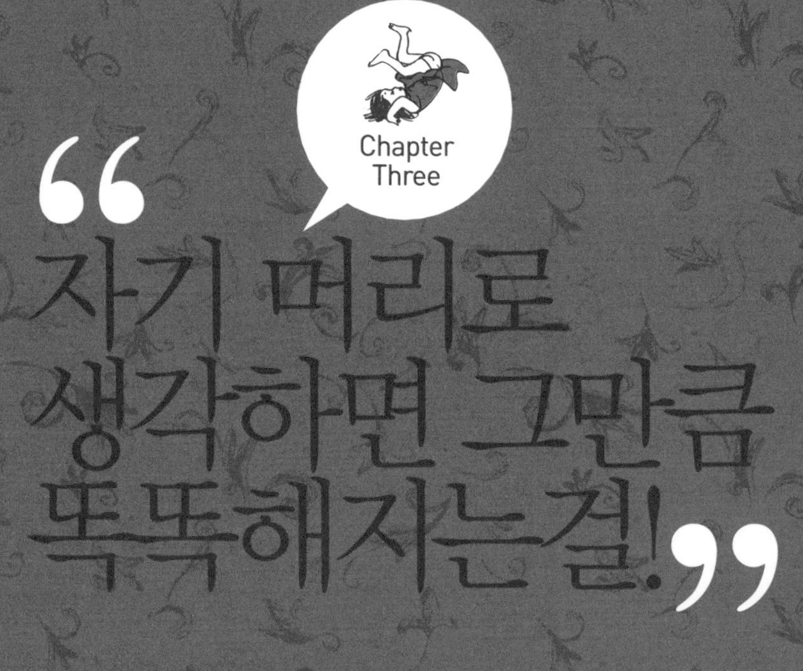

"자기 머리로 생각하면 그만큼 똑똑해지는 걸!"

엄마의 지혜가 딸의 재능을 살린다 **

질문을 던져 생각하게 하고, 아이 나름대로 해답을 찾도록 한다.
스스로 생각하고 스스로 해답을 찾을 수 있는 아이는 분명히 인생에서도
자기 나름의 길을 자주적으로 똑바로 걸어갈 것이다.

단점 고치기보다 장점 키우기에 주력하라

육아 세미나에서 자주 하는 것 중에 '우리 아이의 좋은 점을 될 수 있는 한 많이 써보자!'는 프로그램이 있다. 그러면 엄마들은 '응? 나쁜 점이라면 얼마든지 쓸 수 있는데' 하며 쓴웃음을 짓는다. 개중에는 두세 개 쓰고는 머리를 싸매는 이도 있다. 동양 사람들은 원래 겸허와 겸손을 미덕으로 하는 탓에 자기 아이의 좋은 점, 혹은 자기 자신의 좋은 점을 잘 표현하지 못한다.

아니면 결점이나 단점을 찾아내 이를 지적하고 고치려는 마음이 너무 강한 것일까? 하지만 단점을 찾아내 고치려고 들기 시작하면 끝이 없다. 열심히 노력해서 하나의 결점을 없애더라도 바로 다른 결점이 눈에 들어온다. 결점이 없는 완전무결한 아이는(어른도) 없을 것이다.

객관적으로 결점을 아는 것은 중요하다. 하지만 결점이나 단점만을 찾는 색안경을 끼고 있으면 유감스럽게도 장점이나 매력이 눈에 잘 들어오지 않는다.

코칭을 할 때 보면 엄마들이 얼마나 아이의 결점이나 단점만을 보고 '좋은 점'이나 '잘하는 점'은 보지 않는지 실감하게 된다.

오사카의 클라이언트 M씨는 쇼핑을 할 때 4살인 A가 항상 장난감 판매점에서 '사줘!' 하며 소동을 피우는 바람에 골치를 썩었다. 그래서 한 가지 대책을 고안했다. 그녀는 "생일날 사줄 테니 지금은 참아. 오늘은 사달라고 하지 말고 보기만 하자" 하는 말을 사전에 여러 번 하기로 작정했다.

그런데 다음 코칭하는 날 M씨는 들어오자마자 "전혀 소용없었다"며 완전히 낙담하였다.

"어디가 문제였습니까?" 내가 물었다.

"그러면 보는 건 괜찮은 거라며 계속 그 자리에서 구경하는 바람에 결국엔 또 화를 내버렸거든요."

"안타깝네요. 하지만 A가 이번엔 사달라고 하지는 않았잖아요?"

"그러네요! 사달라는 말은 한마디도 하지 않았어요. 이런, A는 똑바로 약속을 지킨 거네요. 나는 잘한 것은 보지 않고 못한 것만을 본 것이네요. 사실은 그날 남편이 돌아오니 A가 열심히 자랑을 하더라고요. 오늘 엄마하고 쇼핑센터에 가서 장난감 사달라고 조르지 않고 계속 보기만 했는데 엄마가 화를 냈다고 말예요(웃음). 보통은 그런 일을 아빠한테 말하지 않는데 무슨 일인가 하고 생각했었는데, 분명 A는 자신이 노력한 것을 인정받고 싶었던 모양이에요."

M씨에게는 이런 일도 있었다.

A가 수영장에 다니기 시작했는데, 매번 엄마와 떨어지는 것을 싫어하며 울음을 터뜨렸다. 엄마는 수영장에서 울어대는 딸의 모습을 보기가 안쓰러워서 아이를 혼냈다.

"왜 우는 거야? 더 작은 애들도 저기 열심히 하잖아!"

그 얘기를 듣고 나는 그녀에게 이런 질문을 던져보았다.

"아이가 울면 가장 큰 문제가 뭡니까?"

"하긴, 다른 애들을 방해하는 것도 아니고, 코치 선생님 말은 잘 듣긴 합니다만…"

"예? 울면서도 제대로 따라한다는 말씀이에요?"

"그래요. 울기는 하지만 코치님이 말씀하시는 대로 움직이고, 수영도 해요. 그러고 보니 코치님과 상담했을 때도 울면서도 제대로 하고 있으니까 걱정 말라고 하시긴 했네요."

그녀는 이 말을 하면서 웃음을 터뜨렸다. 그리고 다음과 같이 덧붙였다.

"우는 게 괴로운 사람은 사실 아이보다 저였는지 모르겠네요. 혼자만 울고 있는 모습이 보기에도 안 좋고 창피해서 말예요. 하지만 주변의 시선을 신경 쓰지 않으면 큰 문제는 없겠네요."

이를 깨달은 M씨는 그 후로 가급적 아이가 울어도 상관하지 않기로 마음먹고 A에게도 "진짜 열심히 했네. 엄마가 똑바로 보고 있었거든" 하고 격려해주었다.

그러자 A가 우는 횟수가 눈에 띄게 줄고 나중에는 "엄마, 수영하는 거 재미있어요" 하고 말할 정도까지 되었다고 한다.

장점과 단점은 빛과 그림자와 비슷하다. 주변에 빛이 있기 때문에 그림자가 보이는 것이다.

마찬가지로 거의 대부분은 잘할 수 있기 때문에 잘하지 못하는 부분이 눈에 띄는 것이다. 그러나 그림자 옆에는 반드시 빛이 있다는 사실을 잊지 말자.

앞으로는 아이의 빛을 좀더 많이 봐주는 게 어떨까. 그것이 아이의 풍요로운 재능과 장점을 키워주는 길이다.

자기 머리로
생각할 줄 아는 습관을
키워줘야 공부를 잘한다

　땡이가 초등학교 1학년이 되고 몇 달이 지났을 때의 일이다. 그날 딸은 컴퓨터 앞에 앉아 있던 내 옆에서 산수 프린트를 놓고 풀고 있었다. 이렇게 숙제를 할 때 딸은 "있잖아, 엄마, 11 빼기 5는 얼마야?" 하고 묻는 일이 많았다. 그러면 나는 "잘 알잖아. 직접 생각해 봐" 하고 말한다. 그러면 땡이는 꼭 "아~ 빨리 가르쳐줘!" 하며 보챘다.

　하지만 그날은 웬일인지 혼자서 기분 좋게 프린트를 다 풀고 정답을 보면서 ○× 체크까지 하였다. 그러더니 얼마 후에 이런 말을 했다.

"아, 귀찮아. 이거 처음부터 정답을 보고 썼으면 빨랐을 텐데."

나는 "진짜! 정답을 보고 썼으면 빨랐을 텐데" 하고 은근히 맞장구를 쳐주었다. 그러자 땡이가 말한다.

"응. 하지만 그렇게 베껴 쓰면 처음부터 하는 의미가 없잖아."

"응. 그렇구나. 베껴 쓰면 의미가 없어?"

"보고 베껴 쓰기만 하면 하지 않는 것이랑 똑같아."

"우와, 그럼 어떻게 해야 의미가 있지?"

"자기가 하고, 자기가 대답을 생각하면 의미가 있어."

"그렇구나. 스스로 생각하는 게 의미 있구나."

"응. 자기 머리로 생각하면 그만큼 똑똑해지는걸!"

땡이는 이렇게 말하고는 다른 프린트를 꺼내 풀기 시작했다. 그런데 조금 있다가 "엄마, 11 빼기 7은 5?"라고 말하며 내 쪽을 보았다. "그걸, 엄마한테 물으면 의미가 있을까?" 하고 물으니 땡이는 '앗!' 하는 얼굴을 하더니 "없어, 없어! 아냐 됐어" 하고 웃으며 다시 풀기 시작했다.

'자기 머리로 생각한다'는 이슈를 말할 때 나는 항상 이 에피소드를 떠올린다. 숙제는 자기가 할 때 비로소 실력이 된다. 약삭빠르게 해답을 베끼거나 다른 사람에게 묻는 것은 의미가 없다. 어른들은 이를 당연한 것으로 생각한다. 하지만 이를 아이에게 일방적으로 알려준다면 과연 의미가 있을까?

가령 땡이가 '해답을 보고 베끼면 빠르다'고 했을 때 내가 '무슨 소리야! 그러면 의미가 없잖아. 자기가 생각해야 똑똑해지는 거야' 하고 설교하였다면 딸은 잘 납득하였을까?

숙제만이 아니라 일상생활에서도 어른이 대답을 알려주는 것은 아이가 '자신의 머리로 생각하는' 기회를 빼앗아 버리는 것이다.

원래부터 자신의 머리로 생각하는 데 익숙한 아이가 있다. 개중에는 과하게 생각이 많은 경우도 있을 것이다. 그런 아이는 대개 개성이 뚜렷하고, 혼자 노는 것도 개의치 않는다. 조용한 시간을 즐기고 상상이나 공상을 좋아하는 타입이 이런 성향을 보인다. 주변 사람들은 '무슨 생각을 하는지 알 수 없다' 혹은 '멍하니 있는 듯이 보인다'고 할지 모르지만 실은 깊은 생각에 빠져드는 경우가 적지 않다.

반면 자신의 머리로 생각하는 습관이 없는 아이도 있다. 이 경우엔 앞의 에피소드에서 소개했듯이 아이의 이야기를 부정하지 말고 받아주면서 되물어봄으로써 생각하는 기회를 줄 수 있다.

이런 교육 방법이 바로 '질문'이다. 질문은 코칭에서도 중요한 스킬 중 하나이다. 아이들의 감추어진 능력을 끌어내는 '질문 방법'에 대해 더 자세히 알아보자.

부모의 현명한 질문이 똑똑한 아이로 키운다

여기서 내가 독자들께 질문을 하겠다.

"어젯밤 무엇을 먹었습니까?"

뜬금없지만, 어떤 생각이 드는가? 자신도 모르게 저녁 메뉴를 생각한 사람이 많지 않을까?

책을 읽으면서도 질문이 나오면 대답을 찾게 마련인데 얼굴을 보며 묻는다면 누구나 대답을 생각하게 될 것이다. 사람은 본디 질문을 받으면 머릿속에서 자동으로 대답을 찾게 된다. 이처럼 '질문'은 생각하는 스위치를 켜준다.

그러므로 아이가 자신의 머리를 써서 생각하길 원한다면 "직접 생각해봐!" 하고 명령하기보다 질문을 끊임없이 던져주는 것이 효과적이다.

하지만 대개 엄마들은 아이에게 질문한다는 생각을 잘 못한다. "아이가 무슨 말을 해도 듣지 않아요." "이제 어떻게 해야 할지 모르겠어요."라며 고민하는 클라이언트들에게 나는 "어떻게 하면 좋은지, 한번 아이에게 물어보면 어떻겠습니까?" 하고 제안을 한다. 그러면 대개 엄마들은 "네? 그런 것은 생각도 못해봤어요" 하고 말한다.

여기서 다시 프롤로그에 등장했던 S씨와 그녀의 아이 A의 실례를 소개한다.

이제 곧 5살이 되는 장녀 A에 관한 고민은 '아침에 준비하는데 너무 꾸물대다 유치원에 늦는 것'이었다. S씨는 A에게 이렇게 물어보았다.

"아침에 더 빨리 준비를 하려면 어떻게 해야 할까?"

이 말을 듣고 아이는 이렇게 대답했다.

"잠자기 전에 다음날 입을 옷을 준비해 두고 아침에 입으면 돼!"

S씨는 그날 일에 대해 소감을 들려주었다.

"그런 식으로 구체적인 대답이 돌아올 줄은 예상을 못해서 깜짝 놀랐어요(웃음). 대단해, 혼자서 제대로 생각하고 있구나 하는 걸 알고 '그거 좋은 생각이네' 하고 진심으로 칭찬해주었죠. 물론 다음날부터 재빨리 실천하였습니다."

이에 재미를 붙인 S씨는 또 다른 고민도 물어보았다.

"저녁식사할 때 항상 딴짓하면서 똑바로 먹지 않는 이유는 뭐지?"

"밥 먹는 도중에 힘들어져. 그래서 발을 테이블 아래 봉에 얹으니까 그런 거야."

"그렇구나. 힘들어지는구나."

예상 외의 대답에 내심 놀라면서 "어떻게 하면 힘들지 않고 똑바로 밥을 먹을 수 있을까?"하고 물어보았다. 그 결과 'A도 엄마가 준비하는 걸 도와서 조금 빨리 저녁식사하기, TV 끄고 밥 먹기, 다리는 봉에 얹지 않기' 등의 해결책을 둘이서 만들었다.

"자기가 한 말이니까 본인도 의식해서 비교적 오래 지속하지요. 게다가 둘이서 이야기를 해서 함께 해결책을 만들었다는 사실에 한층 더 뿌듯했습니다. 이제까지는 전적으로 아이가 나쁘다고만 생각했었으니까요."

딸이 입을 열어 준다면 그때가 몇 살이든 아무 상관없다. 질문을 던져 생각하게 하고, 아이 나름대로 해답을 발견하도록 한다.

스스로 생각하고 스스로 해답을 찾을 수 있는 아이는 분명 앞으로 긴 인생에서도 자기 나름의 길을, 자주적으로 똑바로 걸어갈 수 있을 것이다.

사고력을 키우는 질문은 '심문'과 다르다

아이에게 질문을 던져 자신의 머리로 생각하고 직접 해답을 찾도록 지원하는 것은 현명한 자녀교육 방법이다. 그런데 이때 주의해야 할 점이 있다. 이런 상황에서 흔히 저지르는 실수가 있는데, 엄마는 질문할 의도였으나 아이에겐 '문책'이나 '심문'이 될 수도 있다는 점이다.

"왜 그런 짓을 하는 거야?"

"몇 번 말해야 알아듣겠어?"

"도대체 뭐가 되려고 그러니?"

아무리 질문형이라고 해도 이런 물음에 아이는 대답할 수가 없다. 사람은 공격을 받으면 같이 공격적으로 되거나, 방어하거나, 도피하게 된다. 대개 이런 상황에서 아이는 '그게 아니라' 하면서 변명을 하거나 묵묵부답으로 일관하거나, 그 자리를 피하게 된다. 그럴 때 "꿀 먹은 벙어리처럼 가만히 있지 말고 무슨 말을 해봐!"라며 재차 책망을 하는 것이야말로 '고문'이다.

그 정도는 아니라고 해도 흔하게 볼 수 있는 것이 '유도심문'이다. 엄마가 미리 대답을 예상해서 '○○○이지?' '이렇게 해보면 어때?' 하는 식으로 조정을 하는 유형이다. 이렇게 되면 엄마가 원하는 대답이 나왔어도 아이 스스로 생각해서 납득한 대답은 발견하지 못한 것이다.

'왜?' 하며 상대를 다그치거나 이유를 추궁할 것이 아니라 S씨처럼 함께 문제해결 방법을 모색한다는 마음가짐으로 물어보는 것이 정답이다.

아이 속에 해답이 있다는 것을 믿고 충분히 시간을 내서 이를 기다려주면 된다. 또한 아이가 무슨 대답을 하면 도중에 끊거나 부정하지 말고 일단은 들어주는 것도 중요하다.

설령 유치한 대답이나 분명히 잘못된 대답이라도 '너는 그렇게 생각하고 있구나' '대답은 했네' 하는 점을 인정해준다. 필요하다면 그 후에 조언하거나 함께 생각해주는 것이 바람직하다.

절대 일방적으로 해답을 강요해서는 안 된다. 아이가 스스로 생각하도록, 그리고 아이가 스스로 납득할 수 있도록 접근하는 것이 중요하다.

마지막으로 초등학교 5학년생 여자 아이인 E가 과외활동을 그만두고 싶다고 말했을 때의 사례를 소개한다. 아이의 엄마는 코치 경력이 있는 O씨이다. 계속 즐겁게 해왔던 수영교실을 갑자기 그만두고 싶다고 해서 뭔가 이상하다는 느낌을 받은 O씨는 이렇게 물어보았다.

"그래, 그만두고 싶구나. 무슨 일이 있어?"

"수영 코치님이 바뀌었는데, 마음에 안 들어요."

"응. 어떤 식으로 마음이 안 들어?"

"몇 번 말해도 왜 안 달라지느냐는 식으로 말해요. 이제 가기 싫어요."

"그렇구나. 그런 식의 말을 들으면 누구든 싫겠지. 그런데 E는 수영하는 게 싫어?"

"아니, 수영하는 것은 싫지 않아요."

"응. 수영하는 것은 싫지 않구나."

"응, 코치님이 싫을 뿐이야."

"아, 코치님이 싫구나. 그럼 어떻게 하는 게 좋을까?"

"코치님이 다른 분이면 좋을 텐데."

"그래. 다른 코치님이 가르쳐주시면 괜찮구나. 자, 그럼 어떻게 할까?"

"반을 바꿀래요. 그래, 수영을 그만둘 것까지는 없겠어요."

E는 이야기를 하는 도중 스스로 해답을 찾았다. 그리고는 자기가 재빨리 수영장에 전화해 반을 바꾸고, 그 후로도 계속 즐겁게 다녔다고 한다.

손을 잡아주어야 할 때와 놓아야 할 때

3장에서는 아이의 개성이나 재능을 키워주는 데 필요한 3가지 방안을 정리해보았다.

① 아이의 '장점'이나 '잘한 점'을 긍정적으로 찾아서 인정해준다.

② 아이가 자신의 머리로 생각하고 스스로 답을 찾는 습관을 갖게 해준다.

③ 이를 위해 질문을 많이 한다.

또한 아이를 도와주는(Help) 것이 아니라 지원(Support)해주는 것이 중요하다는 이야기도 하였다. 분명 아이 인생의 주인공은 아이 자신이다. 엄마가 아무리 꼭 붙어 있거나 대신 대답을 찾아준다 해도 아이를 성장시킬 수는 없다.

그런데 최근 때로 손을 내밀어 함께 해주는 것도 필요하다는 생각을 하게 해준 사건이 있었다.

딸 땡이가 방과 후에 다니는 학원에서 생긴 일이다. 실습을 위해 나가야 하는 시간이 되었는데 땡이가 우물쭈물 좀처럼 일어나지 않았던 모양이다. 그러자 선생님은 "좋아, 알았어!" 이렇게 기운차게 말한 뒤 땡이의 손을 잡고 일어섰다. 그리고 "땡이야, 저기까지 같이 가자!" 하며 복도를 손잡고 행진했다고 한다. 그리고는 복도 끝에서 "자, 기운내서 다녀와!" 하고 경례까지 붙여주었다고 한다.

그 이야기를 기쁜 듯이 말하는 땡이에게 "아하, 그래서 나갈 마음이 생겼구나" 하고 물어보니 "응. 용기를 얻었어!"라고 대답한다.

사실 나는 그런 방법까지는 생각하지 못했다. 아이 자신이 생각하고, 스스로 행동하기 위해서는 '하고 싶지 않은 마음'을 받아주고 '어떻게 하고 싶은지, 어떻게 하면 갈 것인지' 등을 물어본다. 내가 코치라면 필시 그런 대응을 생각했을 것이다. 심지어 시간이나 마음의 여유가 없었다면 '뭐하는 거니, 빨리 갈 준비해라!' 하고 무조건 재촉했을지도 모른다.

하지만 이렇듯 첫걸음을 함께 걸어주면 분명 아이는 기쁠 것이다. 그리고 진정한 용기를 얻을 것이다. 말을 걸어주는 것만이 아니라 함께 해주는 것, 손을 잡아주는 것, 조금만 손을 나눠주는 것… 때로는 이런 '작은 도움'이 아이에게 용기를 북돋아준다.

이 깨달음은 '도움보다 지원'이라는 명제에 사로잡혀 있던 나에게 새로운 깨달음을 가져다주었다.

이 일이 있고 얼마 후에 나는 우연히 땡이가 유치원 시절에 읽었던 그림책 한 권을 떠올렸다. 《치라와 사자》라는 귀여운 그림책의 줄거리는 이렇다.

어느 날 겁쟁이 꼬마 치라에게 작고 빨간 사자가 찾아왔다. 사자는 매일 함께 체조를 하고, 치라가 어두운 방에서 무서워하면 '어쩔 수 없지' 하며 함께 따라가 주었다. 치라는 점점 자라 늠름한 소년이 되었다. '내게는 사자가 있어'라는 자신감이 있었기에 치라는 짖어대는 개나 못되게 구는 동네 아이도 무서워하지 않는 강한 소년이 되어갔다.

그런 어느 날 사자가 한 통의 편지를 남기고 사라졌다. 편지에는 이렇게 씌어 있었다.

"이제 너는 내가 없어도 훌륭해!"

아이가 혼자서 할 수 있다고 믿고 손을 내밀지 않고 지켜보는 것이 부모의 용기라면, 조금만 도와준 뒤 그 후엔 혼자서 할 수 있다고 믿어주는 것 역시 부모의 용기일 것이다.

딸이 꿈을 찾아 키우도록 도와주는 방법

"딸이 좋아하는 것은 무엇일까?"

"딸의 장래 꿈은 무엇일까?"

이런 이야기를 많이 할수록, 그리고 이런 이야기를 끌어내서 키워갈수록 아이는 점점 스스로 성장하는 힘이 커진다. 나 역시 세 아이가 좋아하는 것이나 좋아하는 일을 어린 시절에 가능한 한 많이 발견하길 바란다.

'좋다'는 감정은 최고의 원동력이다. 그 에너지가 강할수록 열심히 하고, 오래 지속할 수 있으며, 성장해갈 수 있다.

우리 집 맏이의 초등학교 졸업식 때 이야기다. 초등학교 6학년 어린이 몇 명이 각자 자기의 장래 꿈에 대해 발표하였다. 그중에서 한 남자 아이가 당당하게 한 말이 아직까지 잊히지 않는다.

"나는 커서 어린이들에게 운동을 가르치는 코치나, 웃음을 주는 개그맨이 되고 싶다. 왜냐면 코치가 되면 아이들의 웃는 얼굴을 많이 볼 수 있고, 그리고 개그맨이 되어도 관객들의 웃는 얼굴을 많이 볼 수 있기 때문이다. 나는 장래에 많은 사람들의 웃는 얼굴을 볼 수 있는 일을 하고 싶다."

내가 감탄한 것은 그 아이가 스포츠 코치나 개그맨이 되고 싶다고 확실하게 직업을 찾아낸 때문이 아니다. 그보다는 '많은 사람의 웃는 얼굴을 볼 수 있는 일을 하고 싶다'는 본질을 꿰뚫고 있었기 때문이다.

그렇다. 중요한 것은 '무엇이 되고 싶은가'보다 '무엇을 하고 싶은가'이다. 아이의 꿈이라고 하면 '직업'에만 집중하기 쉽지만, 직업이라는 포지션보다 '무엇을 좋아하고 무엇에 가치를 느껴서 그 일을 선택하는가' '그 직업을 통해 무엇을 얻고 싶은가'가 중요하지 않을까.

그 아이가 장래 코치나 개그맨이 되지 못하더라도 웃는 얼굴을 볼 수 있는 직업은 얼마든지 있다. 그는 분명 그런 여러 선택 속에서 자신에게 맞는, 그리고 보람 있는 직업을 찾아낼 것이다.

딸과 좋아하는 것이나 꿈에 대해 많은 이야기를 나누고 있는가? 지금 딸이 신나고 즐겁게 이야기하는 것은 무엇인가? 그 기세를 몰아 앞으로도 더 많은 꿈을 만들어주자.

만약 아이의 소망을 '꿈 같은 것만 생각한다' '네게는 무리야' '어차피 금방 바뀔 거 아냐?' 하는 식으로 지금까지 부정했다면 앞으로 대응 방법을 바꿀 필요가 있다. 모처럼 틔운 작은 꿈의 싹을 밟아버리지는 말자.

더불어 아이의 꿈을 물어볼 때는 약간의 요령이 필요하므로 기억해두자. 갑작스레 "장래 꿈은 뭐야? 뭐가 되고 싶어?" 하고 묻는다면 너무 막연해서 대답하기 힘들다. 대신 "커서 뭐가 되고 싶어? 세 개를 꼽으면 뭐야?" 하고 대답을 몇 가지 내도록 하면 훨씬 쉽다. 그리고 3개를 말하면 "자, 그중에서 가장 되고 싶은 것은 뭐지?" 하고 좁혀 들어간다.

아이의 꿈을 알게 되면 이번엔 더 여러 가지로 질문을 해보자. 만약 '파티셰'가 되고 싶다고 했다면 이렇게 질문을 해나간다.

"어떤 케이크를 만들고 싶은데?"

"어째서 파티셰가 되고 싶지?"

"케이크 만들 때 어떤 것이 재미있어?"

"케이크 가게를 연다면 그 후엔 어떻게 하고 싶어?"

다양한 각도에서 물어봄으로써 진짜 원하는 것을 구체화할 수 있다. 기회 있을 때마다 물어보면 연령에 따라 꿈이 변해가는 것도 알 수 있을 것이다. 이렇게 해서 아이와 함께 꿈의 싹을 크게 키워가도록 하자.

"진짜 나를 믿는다면
믿는다는 말을 할
필요가 없겠죠."

반항기, 미리 공부해두어야 후회하지 않는다 *

친구 관계와 장래 불안으로 흔들리는 소녀들의 마음을 충분히 받아주고
안심할 수 있도록 가정환경을 만들어주자.
안정감이야말로 여러 문제를 극복하고, 미래로 전진하는 원동력이 될 것이다.

반항하는
아이들의 머릿속

　방긋방긋 수다도 잘 떨던 딸이 갑자기 인상을 쓰고, 말도 제대로 하지 않으면 무슨 일이 있었나 하고 걱정하게 된다. 그리하여 이유를 캐려 이것저것 물어볼 것이다.

　실은 사춘기 아이의 머리와 신체에 커다란 변화가 일어나고 있는 중이다. 인공지능 연구를 거쳐 뇌와 언어, 그리고 아이들의 뇌 발달에 관한 연구를 계속하고 있는 구로카와 이호코의 저서 《행복한 뇌로 키우자》에 의하면 13세부터 16세는 '아이 뇌'가 '성인 뇌'로 갓 이행한 불안정한 시기로, '판단을 그르치고 감정에 치우치는, 뇌가 가장 위험한 시기'라고 한다.

13세부터 16세라고 하면 바로 초등학교 6학년에서 중학교 3학년에 걸친 매우 까다로운 연령대다. 이 나이가 되면 이전까지 아무런 의문도 갖지 않고 믿어왔던 부모나 사회에 대해 의문을 품는다든지, 현실 세계에서 자신의 설 자리를 찾다 지치거나, 장래에 대한 불안감을 품게 된다.

최근에는 좀더 빨라져서 11세가 되는 초등학교 4학년부터 사춘기에 돌입하는 아이들도 적지 않다는 얘기를 들었다. 평소 생각이 깊은 아이나 정보 흡수가 빠른 조숙한 타입이라면 조금 빨리 사춘기가 온다고 생각하는 것이 좋을 것이다.

더욱이 이 시기, 뇌는 생식 호르몬의 대량 분비를 명령하여 여자 아이에게는 '에스트로겐'이라 불리는 여성호르몬이 급격히 증가한다. 에스트로겐은 여자 아이의 신체를 여성스럽게 바꾸며 '정신적으로는 불안감이 생성되어 급격히 신경질적으로 된다' 고 한다.

에스트로겐은 성인 여성에게는 배란 전이나 생리 직후에 많이 분비된다. 생리전이 되면 자신도 모르게 불안해져서 아이들에게 신경질을 내게 된다는 엄마들도 있다. 다시 말하면 이 시기 여자 아이들은 모두 '생리전의 불안한 상태'에 있는 셈이다.

이런 상태의 또래가 모여 친구 관계를 유지해야 하고, 사랑도

하고 싶고, 여기에 더해 시시각각 다가오는 고등학교 입시를 위해 공부도 해야 하는 상황이 바로 여자 아이들의 사춘기이다.

자, 어떤가? 왠지 동정이 가지 않는가?

주변 엄마들의 얘기를 들어보면 '여자 아이는 사춘기에 특히 말이 거칠어져서, 무슨 얘기를 해도 말대답에 시비조로 나온다. 가슴을 푹 후벼 파는 말을 일부러 하거나, 거짓말이나 겉치레 말은 가차 없이 추궁한다'는 의견이 많다. 하지만 이것도 대개 '중학교 2학년이 피크이고, 이 시기를 지나면 조금씩 열이 식어 예전으로 돌아오므로 괜찮다'는 조언도 덧붙인다.

앞에서 소개한 구로카와도 '그러나 여자 아이들의 시비조 말투나 남자 아이들의 반항도 보통 16세 정도면 가라앉는다. 전두엽이라는 분별을 관장하는 뇌 부분이 점점 성장하기 때문이다'라고 말하고 있다.

덧붙여 남자 아이의 경우는 경쟁심을 자극하는 '테스토스테론'이라는 남성 호르몬이 대량 분비되기 때문에 '폭력이나 파괴의 흥분에 사로잡히고, 때로는 분별력을 잃는다. 자기 영역에 대한 의식이 강해지기 때문에 프라이버시 침해를 극단적으로 싫어하게 된다. 어디 가? 혹은 어떤 친구와 사귀니? 같은 질문에 갑자기 반항을 하는 것도 테스토스테론 탓'이라고 한다.

더욱 흥미로운 점은 반항을 한 뒤 갑자기 양으로 돌변해버리는 것도 남성 뇌의 특징이라는 것이다. ‘부드럽고 섬세한 남자 아이들의 뇌에 난폭한 테스토스테론이 들어온다. 자신을 억제하지 못하고 반항을 하고 나면 슬퍼져서 어쩔 줄을 모르는 것이다’라고 씌어 있다.

이 글을 읽고 나는 무심코 무릎을 쳤다. 실제로 이 말과 똑같은 일을 체험하였기 때문이다.

우리 집 장남의 반항이 절정에 이르렀을 때 나는 정말 어찌 해야 할지 몰라 무척 힘들었다. 그즈음엔 아들의 반항이 테스토스테론 탓이라는 것을 전혀 모르고 있었다. 때문에 나는 불에 기름을 부어댔다. 정말로 조금 더 빨리 알았으면 좋았을 텐데 하는 생각이 절실하다.

그 시간도
결국은 지나간다

　프롤로그에서 소개했듯이 우리 집 큰아들은 놀랄 만큼 밝고 솔직한 성격이다. 그런데 그런 아이가 초등학교 6학년 무렵부터 달라지기 시작했다.

　그전까지는 아이가 소속된 축구 팀 시합에 가족이 모두 응원 오는 것을 좋아했는데 6학년이 되더니 "이제 시합은 보러 오지 않아도 돼"라고 선언을 한 것이다.

　중학생이 되면서부터는 눈에 띄게 말수도 줄고 무뚝뚝해졌으며 무슨 일이 있으면 괜히 땡이와 콩이에게 화풀이를 하기도 하였다. 게다가 다른 사람의 말은 듣지 않는 주제에 '이거 해 달라, 저거

사 달라'며 요구도 많아지는가 하면 갑자기 어리광을 피우기도 했다.

신체 모공 하나하나에서 반항의 기운이 불끈불끈 터져 나오는 게 아닐까 싶을 정도였다. 게다가 키가 나보다 훨씬 커진 남자 아이는 그 존재감이 상당하였다.

그러던 어느 날의 일이다.

아침부터 짜증 안테나가 폭발하였는지 아이는 심하게 건방진 명령조 말투로 이러저러한 요구를 해댔다. 참고 참다가 나는 그만 발끈했다. 나도 모르게 아들의 가방을 던졌고, 이에 화가 난 아들과 한바탕 말다툼이 벌어졌다.

아들은 무서운 눈으로 다가와 내 손목을 세게 잡더니 그대로 노려보았다. 그러곤 몇 초간의 눈싸움 끝에 뿌리치듯 손을 놓더니 갑자기 거실 문을 '빡!' 하고 차버렸다. 문에는 큰 구멍이 뻥 뚫려 버렸다.

그리고 아이는 현관으로 가서 신발을 신었다. 그러나 뒤로 돌아선 아이의 어깨가 작게 흔들리는 것을 나는 보았다. 그래도 나는 여전히 화가 풀리지 않아 '울 테면 애초부터 그런 일을 벌이지 말았어야지!' 하고 마음속으로 소리쳤다.

그 일이 있고 얼마 후에 나는《행복한 뇌로 키우자》를 읽고 테스토스테론에 대해 알게 되었다. 아이 자신도 분명 어쩔 수 없었을 뿐만 아니라 괴롭고 슬펐을 것이다. 하지만 그때 나는 아이를 전혀 알아주지 못했다.

 미리 준비를 해둠으로써 여유가 생길 수 있다. '이것도 저것도 모두 에스트로겐이나 테스토스테론 탓'이라고 접고 넘어갈 수 있을 것이다. 더 나아가 '오, 드디어 때가 왔다, 왔어!' 하며 흥미롭게 지켜볼 수 있다면 더욱 이상적이다.

물론 반항기라고 해서 부모는 무조건 용인하고 참아라, 이렇게 말하는 것은 아니다.

단지 아이 내면의 변화를 알고 정서적으로 함께 휩쓸리지 않기를, 더불어 얼마간 거리를 두고 아이와 자신을 바라볼 수 있게 되기를 바라는 것이다. 그리고 일방적으로 아이를 꾸짖거나 반항을 힘으로 제압하지 말고, 엄마의 마음을 아이에게 충분히 전하는 것도 중요하다.

일례로 나의 지인인 M씨는 사춘기에 접어든 딸에게 다음과 같이 직설적으로 자신의 생각을 전했다고 한다.

"막내딸이 최고조 반항기에 이른 시기가 중학교 2학년 때였죠.

뭐가 불만인지 항상 짜증스런 얼굴이에요. 계속 뚱해서는 제대로 대답도 안 하는 거예요. 말을 하면 꼭 시비조가 되어서 결국 내가 참지 못하고 집 앞 공원으로 불러냈어요. '불만이 있으면 뭐가 불만인지 똑바로 말해!' 하고 울면서 호소하였지 뭐예요. 이게 효과가 있었던지 그 이후엔 그렇게 뚱한 일도 없고 고등학교 2학년인 지금까지 잘 지내고 있어요. 지금은 예전처럼 대화도 잘하고 집안 일도 도와줍니다. 종종 수다를 떨기도 해요."

참고로 우리 집 아이의 경우 중학교 2학년을 피크로 '짜증 안테나'의 수위도 조금씩 약해져서 고등학교 입학이 정해진 순간 거짓말처럼 예전의 명랑함을 되찾았다. 역시 고등학교 입시가 상당한 부담이 되었던 모양이다.

재미있는 것은 그 변화가 아침 인사에 확연히 드러난다는 것이다. 초등학교까지는 "다녀오겠습니다~" 하고 밝게 인사하더니 중학교 1학년이 되어서는 "가요"가 되고, 중학교 2학년에는 '……'이다.

오히려 내가 현관에 서 있기라도 하면 "뭐야!" 하며 언짢은 듯 한마디 내뱉고는 집을 나서기도 했다. 그러다 중학교 3학년이 되더니 다시 "자, 그럼"이나 "갔다 올게"가 되고, 고등학생 때 오랜

만에 "다녀오겠습니다"가 부활하였다.

역시 새벽이 없는 밤은 없다. 아이를 믿고 사춘기 3년간을 잘 이겨내도록 하자.

사춘기 딸을 둔 엄마가 해야 할 일

뇌와 신체, 마음까지 변혁기를 맞아 불안정하고 위태로운 사춘기의 여자 아이들. 그런 딸들에게 엄마는 어떤 지원을 해주어야 할까? 해답을 찾기 위해서는 우선 자신이 사춘기였던 때를 떠올려보는 것이 지름길이다.

- ♥ 그때 매일 어떤 기분이었나?
- ♥ 어머니, 아버지는 어떻게 대해주셨나?
- ♥ 어떤 식의 대접을 받으면 화가 났나?
- ♥ 어떤 식의 대접을 받으면 좋았나?

♥ 어떤 에피소드가 기억에 남아 있나?

이것은 그야말로 엄마만의 특권이다. 일기를 다시 읽어보거나 친정엄마에게 물어보는 것도 좋을 것이다. 그리고 딸에게 직접 물어보는 방법도 있다.

"엄마가 너에게 무엇을 해주면 좋을까?"
"엄마가 도움을 줄 수 있는 것이 무엇이 있지?"

포인트는 자신의 뜻을 강요하는 것이 아니라 대등한 입장에서 상대의 감정을 존중하면서 매끄럽게 질문하는 것이다. 심문하는 듯한 말투가 된다든지, 은혜를 베푸는 듯한 뉘앙스를 풍기면 애초의 좋은 뜻은 금세 사라져버린다.
"왜 좀더 솔직해지지 못하니?"
"너를 위해 해주는 거야."
"자꾸 그러면 친구도 다 없어질 거야."
이런 식의 말투는 자제하자. 자기 자신의 변화에 당황해하고, 흔들리는 딸들에게 오히려 불안을 가중시킬 뿐이다.
'같은 사춘기의 터널을 지나온 동지'라는 마음으로 격려와 안심을 북돋아주는 것이 엄마의 역할이다. 과거 자신의 체험담을 말해주는 것도 의외로 흥미를 유발시켜 아이에게 좋은 반응을 얻을 수 있다.

친구 관계나 장래 불안으로 흔들리는 소녀들의 마음을 충분히 받아주고 안심할 수 있도록 가정환경을 만들어주자. 안정감이 여러 문제를 극복하고, 미래로 전진하는 원동력이 될 것이다.

'믿는다'는 말만으로는 통하지 않는다

사춘기의 반항이라고 해봤자 고작 3~4년이라는 각오로 동요하지 말고 흔들리지 말자. 그리고 아이를 믿고 지원군으로서 뒤로 물러나 지켜보도록 하자.

사실 말은 간단하지만 현실에선 그리 쉽지 않다. 특히 여자 아이들의 경우 말을 잘하고, 인간 내면을 꿰뚫어보는 능력도 뛰어나 엄마의 거짓말이나 빈말을 쉽게 간파하고 추궁한다. 때문에 사춘기 여자 아이들에 대해서는 궁극적으로 '거짓말하지 않는다. 솔직하게 말한다'라는 원칙을 갖고 대하는 것이 최선일 것이다.

일반론이나 세상의 이목이 아니라 부모 자신이 '진정으로 그렇게 느끼고 그렇게 하길 바라는' 것을 딸에게 호소할 수밖에 없다. 딸에게 무언가를 전하고 싶다면 그것을 마음속에 한번 물어보는 것이 좋다.

또 하나 우리 집 사례를 소개한다. 아이를 믿는다는 것의 '무게'에 대해 진지하게 깨닫게 된 경험이었다.

맏아들이 반항의 절정을 달리던 중학교 2학년 시절, 부끄럽지만 친구들끼리 흥이 과한 나머지 행동이 지나쳐서 학교에 불려간 일이 있었다. 저녁 무렵 학교에서 전화가 와서 나는 정신없이 학교로 달려갔다. 나는 학년주임 선생님과 담임선생님, 생활지도 선생님 등에게 둘러싸여 몸 둘 바를 몰랐다.

"뭐, 애들도 충분히 반성을 했을 테니, 더 이상 집에서 혼내지 말아 주세요."

선생님은 이렇게 말을 했지만 나도 무슨 말인가 하지 않을 수 없었다. 교문을 나서면서 나는 이 사태에 어떻게 대처해야 할까 고민이 많았다. 재차 나무라거나 약속을 강요한들 아들의 마음에 닿지 않을 듯 싶어 단지 "엄마는 믿어"라는 한마디만 했다. 그러나 아이는 아무런 표정 변화도 없이 먼 곳을 본 채 묵묵히 걷기만 하였다.

며칠 뒤 나는 우연히 만난 지인으로부터 이런 말을 듣게 되었다. 아들 일과는 아무 상관 없는 이야기를 나누다가 들은 말이었는데, 나로서는 아들 일이 생각나지 않을 수 없었다.

이 말은 그대로 내 마음에 비수처럼 꽂혔다. 변명의 여지없이 그 말 그대로라는 것을 누구보다 나 자신이 똑똑히 알았기 때문이다.

그때 내가 아들에게 진정으로 하고 싶었던 말은 "믿고 있으니 두 번 다시 이런 짓은 하지 마라."가 아니라 "믿고 있는데 배신하면 용납하지 않겠다."였기 때문이다.

진정으로 상대를 믿고 그 마음이 솔직한 말로 상대에게 전달되는 경우도 있을 것이다. 하지만 적어도 그때 나는 그렇지 않았다. 다만 스스로에 대해 '아이를 믿는 좋은 엄마'라는 자기만족에 빠졌을 뿐이었다. 그 사실을 깨닫자 나는 고개를 들 수가 없었다. 거짓과 위선으로 '믿는다'고 말한 것이 아들 마음에 닿았을 리가 없다.

그러나 이 이야기엔 약간의 희망도 있다. 그날 아들은 "엄마는 믿어"라는 말을 건성으로 들었지만, 집으로 올라가는 엘리베이터 안에서 내가 무심코 "아, 피곤하다. 학교에서 전화가 왔을 때 정말 명이 줄어드는 줄 알았네" 하고 말하자 아들은 엷은 미소를 띠우며 이렇게 대답했다.

"응? 명이 줄어들어? …… 죄송해요."

그 후 나는 이렇게 마음속에 새겼다.

"믿는다는 말을 쓸 때는 먼저 자신의 마음을 똑바로 볼 것."

"정말로 아이를 믿는다면 아무 말도 하지 말고 그저 지켜보면 된다."

"거짓은 통하지 않지만, 진심은 분명 전달된다."

10년 후 나는 이런 모녀지간이 되고 싶다

자, 그럼 여기서 모든 분께 질문을 하나 하겠다.

"10년 후, 당신은 딸이 어떤 모습이길 원하는가?"

두 사람은 어떤 대화를 하고 있는가?

어떤 시간을 함께 보내고 있는가?

딸이 어떻게 성장해주길 바라는가?

어떤 직업에 종사하고 있고, 어떤 사람과 결혼해서, 어떤 일상을 보내길 원하는가?

그리고 또 하나 중요한 질문이 있다.

"그때 당신은 어떤 모습이길 원하는가?"

어머니로서만이 아니라 한 여성으로서, 한 인간으로서 10년 후 당신의 모습을 그릴 수 있는가?

이런 이상에 가까이 다가가기 위해 지금 할 수 있는 일은 무엇일까?

그중엔 지금부터 당장 아이에게 해줄 수 있는 것도 있겠고, 두 사람의 관계를 좋게 하기 위해 다짐해둬야 할 일도 있을 것이다. 그리고 엄마 자신이 성장하는 데 필요한 일도 있을 것이다.

아마 대부분 엄마들의 바람은 엄마와 딸이 적당한 거리를 두고 각자 자립적인 여성으로서 멋진 관계를 유지하는 것이 아닐까. 물론 이를 위해서는 엄마 자신이 똑바로 자신의 인생을 살아가는 것이 중요하다.

사이좋은 모녀도 좋겠지만 그보다는 필요 이상으로 딸에게 의존하지 않고, 자신의 꿈을 의탁하지도 않으며, 자신 역시 꿈을 가지고 미래를 만들어가는 엄마의 모습이 어떨까.

아이가 부모의 부속품이 아니고 한 인간인 만큼, 언젠가는 당연히 다른 선택을 할 것이고 또 어디론가 떠나갈 것이다. 이를 받아들일 준비를 해두는 것은 아이가 아무리 어리더라도 빠르지 않다.

아이에게는 아이의 의견과 감정이 있으며 이를 존중해야 한다. 동시에 엄마에게도 엄마의 의견과 감정이 있고 이 역시 소중히 받아들여져야 한다. 이렇게 대등한 위치에서 아이들을 대하는 것이 중요하다. 아이의 인생은 아이의 것이고, 그리고 엄마에게는 엄마의 인생이 있다.

나의 이상은 가능하면 10년 후, 20년 후가 되어도 '서로의 꿈에 대해 이야기를 나눌 수 있는 딸과 엄마'가 되는 것이다.

"아빠가 세상에서 제일 좋아. 나중에 커서 아빠하고 결혼할 거야."

딸에게 인기 있는 아빠 되기 *

인간은 누군가로부터 신뢰를 받으면
그 신뢰를 배반하지 않기 위해 노력한다. 아이에게 믿음을 주고 싶다면
우선 부모가 아이를 믿을 것. 이것은 모든 인간관계의 기본이다.

딸이 자라면
아빠도 달라져야 한다

딸이 너무나도 사랑스러워서 "내 딸은 절대 시집 보내지 않겠다!"고 선언하는 젊은 아빠들이 늘고 있다고 한다. 이런 아빠들에게 있어 육아의 가장 큰 테마는 딸과 오래도록 좋은 관계를 유지하며 '가장 사랑하는 아빠'로 남는 방법일 것이다.

이번 장에서는 그런 아빠들의 바람을 이루어주기 위한 몇 가지 노하우를 알아본다.

천사 같은 영아기를 지나 말을 하나둘 배우기 시작하면 이번엔 여자 아이 특유의 예민함으로 상대를 완전히 빠져들게 한다. '아빠가 세상에서 제일 좋아!' '나중에 커서 아빠하고 결혼할 거야' 같은 말을 웃음 가득한 얼굴로 천진난만하게 남발하는 딸들.

자신의 귀여움을 알고, 현관에서 "아빠 가지 마!" 하며 눈물을 보이는 최고의 드라마틱한 장면을 연출하기도 한다. 조금 떨어져 곁에서 바라보는 엄마로서는 '여자 아이는 정말 타고난 여배우야' 하고 감탄을 하기도 한다. 어떤 엄마는 딸의 모습을 관찰하고는 '그렇게 하면서 상대의 반응을 꽤 냉정하게 볼 줄 알아요'라고 말하기도 한다. 어쨌든 여자 아이는 이런 행동을 하면서 인간관계를 배우는 것일 수 있다.

그러나 이런 아빠와 딸의 따끈한 관계도 역시 사춘기에 접어드는 초등학교 3~4학년 무렵부터 바뀌는 경우가 많다. 이 나이쯤 되면 목욕은 물론 손을 잡거나 함께 걷는 것도 피하게 된다. 또 좋아하는 아이돌 스타가 생기면서 아버지와 멀어지기도 하고 다른 아버지와 비교하면서 거리가 생기기도 된다. 이제까지는 절대적인 존재였던 부모를 객관적으로 보는 시기에 접어든 것이다.

그러므로 딸이 이 연령대가 되면 아버지 자신도 차림새나 패션에 조금 신경 쓰는 것이 좋다. 전과 다름없이 목욕 후 너무 가벼운 옷차림으로 돌아다니는 식이라면 금세 딸의 외면을 받게 될 것이다.

물론 사춘기 딸들이 모두 아버지를 싫어하게 되는 것은 아니다.

내가 프리랜서 작가로 일하고 있는 월간지 〈스테이션〉(2008년 6월
호)에서 실시한 설문조사에서 아빠와 딸의 관계를 엄마에게 물었
더니 '매우 사이가 좋다'가 18퍼센트, '좋은 편이다'가 41퍼센트,
'보통'이 23퍼센트, '좋지 않다'는 18퍼센트라는 결과가 나왔다.
의외로 절반 이상이 '사이좋은 부녀'로 지내고 있는 셈이다.

딸들이 싫어하는 아버지 유형

여자 아이는 하루가 다르게 소녀에서 여인으로 성장해간다. 이에 비해 어른들에겐 눈에 띌 만한 일상의 변화는 없다. 때문에 아버지는 언제까지나 딸을 '귀여운 소녀'인 양 아이 취급하기 쉽다. 행복한 핑크빛 시기의 이미지가 그만큼 강하게 각인되어 있기 때문일 것이다.

그러나 딸이 사춘기에 접어들면 아빠도 '한 성인, 한 여성'으로 대하도록 의식적으로 노력하는 것이 중요하다. 사랑스러운 천사에 대한 추억은 소중히 가슴에 담아두고, 번데기가 나비가 되듯이 딸도 새롭게 탄생한다고 여기고 축복하여 주도록 하자.

더 이상 어리지 않은 딸들이 싫어하는 아버지 유형은 '아이 취급하는 아버지'와 '고시랑고시랑 잔소리가 많은 완고한 아버지'이다.

'선입견이나 자기만의 편견으로 훈계하고 자신의 의견을 강요한다. 세상의 눈이나 주변 사람들의 말에만 신경 쓴다. 그리고 아이의 말은 전혀 듣지 않는다…'

이런 태도는 여자 아이만이 아니라 남자 아이들에게도 최악이다. 사춘기 반항에 불을 지를 뿐, 서로를 이해하는 데는 전혀 도움이 되지 않는다.

'이것저것 딸이 걱정돼서 그만 말이 많아진다' '그게 좋다고 생각되기 때문이다'라는 마음은 잘 알지만, 딸의 생각을 존중해주지 않고 딸을 신뢰하지 않는다는 점에서는 역시 '자식을 아이 취급하는' 태도이다.

코칭의 기본으로 돌아가 '상대에게 해답이 있다'는 사실을 믿고, 색안경을 벗어보자. 그리고 아이가 하는 이야기를 '경청'하도록 하자.

딸의 감정을 충분히 받아준 뒤 잘 들었음을 전달하고 그 후에 아버지로서의 의견이나 충고를 넌지시 '제안'해보도록 하자. 제안을 받아들일지 거부할지는 딸의 자유이며, 딸의 선택이다. 최종

결정은 딸에게 모두 맡겨야 한다.

이렇게 커뮤니케이션을 해야 '아빠와 딸'의 관계는 신뢰에 기초한 '성숙한 부녀' 관계로 성장할 수 있다.

여기서 부녀관계의 일례로 내 이야기를 잠깐 소개하려고 한다.

우리 아버지는 벌써 10년 전에 돌아가셨는데, 돌이켜보면 어릴 적부터 한결같이 좋은 아빠로 내 기억속에 남아 있다. 지금도 가끔 아버지 생각을 하면 그리워진다. 우리는 정말 사이가 좋은 부녀지간이었다.

1925년에 출생하신 아버지는 분명 완고하시긴 했지만 놀랍게도 잔소리를 한 적이 없다. 어렸을 때부터 '공부해라'라는 말을 들은 기억이 없고, 중학생 시절에 처음 남자친구가 생겼을 때나 진학할 고등학교를 정할 때, 그리고 대학에 진학하지 않고 내가 좋아하는 길을 선택했을 때도 아무런 반대도 하지 않았다. 성인이 되어 늦게까지 술을 마시거나, "이 사람과 결혼하겠습니다" 하고 보고드릴 때도 아버지는 한결같이 "그렇구나" 하고 받아주셨다.

깐깐하게 잔소리를 하지 않은 이면엔 '너를 믿고 있다'는 무언의 신뢰가 있음을 나는 언제나 분명히 느꼈다. 이런 느낌은 내게 큰 안정감을 주었다. 마음껏 시도를 하고 실패하더라도 이곳으로 돌아오면 받아줄 것이다, 필요할 때는 분명 아버지가 지켜주실 것이다, 아버지는 내게 이런 안정감을 주셨다. 이 이상 든든한 존재가 세상에 또 있을까.

반면 걱정이 많은 타입인 엄마는 완전히 정반대였다. 내 의견을 부정하거나 비판하지는 않았지만 내가 다 커서도 사소한 일까지 일일이 간섭하셨다. 내가 조금 늦게까지 자지 않고 있으면 "왜 이렇게 늦게까지 깨어 있니? 몸이 상하잖아? 잠은 7시간 이상 자는 것이 좋다더라" 하는 식이었다. 그런 의미에서 우리 부모님은 매우 훌륭한 콤비인 셈이다.

인간은 누군가로부터 신뢰를 받으면 그 신뢰를 배반하지 않기 위해 노력한다. 그리고 신뢰해준 상대를 자신도 신뢰하려고 한다. 아이에게 믿음을 주고 싶다면 우선 부모가 아이를 믿을 것. 이는 코칭이나 커뮤니케이션 스킬 이전에 인간관계의 기본이다.

딸은 결국 아빠와 비슷한 남자를 만나게 된다

　딸을 키우면서 '어떤 놈에게도 주지 않겠다'고 했지만, 막상 적령기가 됐는데도 결혼할 기미가 전혀 보이지 않으면 슬슬 걱정이 되기 시작한다. 아무리 내주고 싶지 않은 딸이라고 하지만 최종적으로는 행복한 결혼생활을 하길 원하는 것이 많은 아버지들의 바람일 것이다.

　여기서 한 가지 알아두어야 할 것은 딸에게 아버지는 가장 친근한 이성이라는 점이다. 딸은 좋든 싫든 '성인 남성 모델'로서 아버지를 보고 자란다. 이렇게 해서 무의식중에 만들어낸 남성 이미지를 기초로 딸은 연애대상이나 결혼상대를 고르는 것이다.

메이지대학 교수로 육아 카운슬링 경험이 풍부한 임상심리사이기도 한 모로토미 요시히코는 어느 인터뷰에서 이렇게 말했다.

"부녀관계는 사실 딸의 연애에도 크게 영향을 미칩니다. 즉, 아버지와 사이가 좋은 딸은 남성에 대한 혐오감이 없이 호의적이기 때문에 연애도 원활하게 되기 쉽지요."

그런데 반대로 아버지가 엄하고, 특히 폭력적인 경우는 딸의 연애에 부정적인 영향을 미친다.

"남성에 대한 공포감이 있으면서도 약한 남성보다 강한 남성을 원하는, 남성에 대한 심리에 복잡한 갈등이 드러나는 경우가 있습니다."

이렇게 되면 남성을 좀처럼 믿지 못하거나 자신의 감정에 솔직해지지 못하며, 불행한 연애를 반복하는 패턴에 빠질 수 있다.

나아가 아버지가 남성 모델이라고 한다면 아버지와 어머니 커플은 '가장 친근한 부부 모델'이 되는 셈이다. 딸에게 행복한 결혼을 바란다면 우선 자신들이 '행복한 부부'를 실현하여 '엄마 아빠 같은 부부가 되고 싶다' '이런 결혼생활을 하고 싶다'라는 표본이 되는 것이 딸에게 줄 수 있는 최고의 교육이자 메시지이다.

이렇게 하면 분명 딸은 성인이 되어서도 진심으로 '아버지 같은 사람과 결혼하고 싶다'고 말해줄 것이다.

아빠만 해줄 수 있는 일

딸이 어릴 적에는 마음껏 예뻐해 주고 애정을 충분히 표현하자. 그리고 한 살 한 살 나이를 먹으면 '귀여운 아기'에서 '성숙한 여성'으로 나아가는 딸의 성장과 자립을 지켜보자.

만일 사춘기에 아버지를 피하거나 싫어하게 되더라도 '일시적인 현상'이라고 단순하게 받아들이고, 서두르지 말고 긴 안목을 가지고 기다린다. 다만 '변함없이 너를 사랑한다' '믿고 있다' '언제든지 지켜주겠다'라는 마음은 계속 전하도록 한다.

이런 마음을 전하는 데 꼭 말이 필요한 것은 아니다. 1장에서도 언급했듯이 딸을 주의 깊게 보고, 잘 듣고, 자주 접촉하여 마음을 충분히 받아주는 것이 사랑을 전하는 방법이 될 수 있다.

그중에서도 '자주 접하여' 스킨십을 하는 것은 서로 신뢰관계를 쌓는 데 있어 효과가 매우 크다. 그러나 엄마가 아기와 24시간 살을 맞대는 것에 비하면 아빠의 스킨십은 아무래도 한정적이다.

그러므로 딸이 어렸을 때, 그리고 딸이 싫어하지 않는 동안에 의식적으로 접촉할 기회를 많이 갖는 것이 좋다. 함께 목욕을 하는 것은 최고의 스킨십 방법이다. 이것이야말로 한정된 기간 동안의 행복이다. 밖에 나가 걸어 다닐 때 손을 잡고, 집에서 쉴 때 무릎 위에 앉히고, 평소에 머리를 쓰다듬거나 어깨를 두드리는 방법도 좋다.

특히 아버지에게 가장 좋은 스킨십은 신체를 활용하여 노는 것이다. 아이들은 '말타기', '비행기 타기', '팔을 잡고 빙글빙글 돌려주는 것'도 좋아한다. 아이는 그런 식의 대담하고 스릴 넘치는 놀이에 푹 빠진다. 이것이야말로 아버지와 노는 진정한 묘미일 것이다.

참고로 나는 아버지가 태워주는 비행기를 매우 좋아했다. 바닥에 누운 아버지가 두 발을 올린 뒤 내 배를 그 위에 얹어 '붕~' 하고 소리를 내면서 양 팔을 벌리는 것이다. 지금 돌이켜보면 뭐가 그렇게 재미있었을까도 싶지만 아버지의 큰 발에서 전해지는 체

온이 좋았는지도 모른다.

가능하다면 이런 접촉의 순간을 사진으로 남겨두는 것도 좋은 아이디어다. 어린 시절의 기억은 의외로 불확실해서 의식에 남지 않는 것이 많다. 나 역시 의식적으로 어린 시절을 떠올려보면서 비로소 여러 가지 체험이 떠올랐다. 사진은 기억하기 쉽게 만들어주고, 추체험하는 계기가 되어줄 것이다.

또 하나, 공통의 취미를 가져 딸과 커뮤니케이션의 폭을 넓히라고 제안하고 싶다. 딸이 흥미 있어 하는 것에 아버지가 맞추는 것도 좋지만, 가능하면 아버지가 즐겨하는 취미에 딸을 어릴 적부터 유도하는 것이 효과적이다. 낚시나 등산 등 대자연을 함께 즐길 수 있는 취미라면 더욱 이상적이다. 같은 시간을 공유하면서 아버지의 훌륭한 점이나 멋진 모습, 듬직함 등을 충분히 기억해둘 것이다.

좋아하는 스포츠를 함께 즐기는 것도 바람직하다. 테니스나 수영도 좋다. 최근엔 여자 아이들도 축구나 야구를 하는 경우가 많아서 선택의 폭이 넓어졌다.

만약 이런 취미를 딸이 재미있어 하고 오래 지속한다면 이것이야말로 사춘기나 어른이 되어서도 여전히 좋은 관계를 유지할 수 있는 끈이 되어줄 것이다.

　나의 경우 아버지가 오토바이를 좋아하셔서 나를 뒤에 태우고 여러 곳을 다니셨다. 초등학교 저학년 정도부터 중학생, 고등학생이 되어서도 변함없이 나는 아버지의 허리를 팔로 꼭 감고 앉아 있었다.

　딸의 성장에 맞춘 것인지 오토바이는 50cc에서 250cc, 400cc, 최대 650cc로 점점 커졌다. 그러나 '언젠가는 할리 데이비슨을⋯' 이라는 꿈을 결국 이루지 못한 채 60세 이후에 자동차로 바꾸고 말았다.

　아버지를 생각할 때면 가장 먼저 떠오르는 것이 오토바이를 탔을 때 보았던 '커다란 등'이다. 오토바이의 진동과 바람을 느끼면서 이 등에 꼭 달라붙어 있으면 세상 어디라도 갈 수 있을 것만 같았다. 무서운 것은 아무것도 없는 듯 느껴졌다.

　그런 행복한 기억을 당신의 딸에게도 꼭 남겨주기를 바란다.

아빠는 언제나 엄마 편이 돼야 한다

이제 아버지밖에 할 수 없는, 중요한 일을 말하고자 한다. 같은 성이라 지나치게 친밀하거나, 역으로 반발할 수 있는 엄마와 딸의 관계를 항상 곁에서 지켜보며 지원하라는 것이다.

여자 아이 특유의 날카로운 발언에 엄마가 감정적으로 휘둘릴 때가 있을 것이다. 이럴 때 엄마가 감정을 누그러뜨리고 마음을 안정시키도록 엄마 이야기를 충분히 경청하고 받아들여주자. 엄마의 감정을 부정하거나 책망하지 말고 어디까지나 아빠는 '엄마 편'임을 자처한다. 딸이 사춘기에 들어가면 한층 이런 지원이 필요하다.

특히 최근엔 만혼화가 진행되어 30대 후반의 출산이 그리 드문 일이 아니게 되었다. 이렇게 되면 추후 아이의 사춘기와 엄마의 갱년기가 겹치게 된다.

앞 장에서도 말했듯이 성호르몬의 과도한 분비 영향으로 인해 만성적으로 불안한 딸과, 갱년기 성호르몬 감소로 역시 불안정한 엄마가 한 집에서 얼굴을 맞대는 것이다. 이는 매우 불안한 상황이라고 할 수 있다. 아버지는 '모든 것이 호르몬 탓'이라고 넓게 생각하고 서로에게 좋은 상담자, 경청자가 되어주도록 하자.

영국의 유명한 정신분석가이자 소아과 의사이기도 한 도널드 위니코트가 남긴 말을 상기해보자.

"완벽한 엄마가 아니라 '대략 좋은 엄마'이면 된다. 누구든 대략 좋은 엄마는 될 수 있다. 다만 엄마를 지지하는 사람이 있다면."

딸의 행복을 위해서나 가족 모두의 행복을 위해서도 '엄마를 지지하는 아빠'의 역할을 항상 명심하도록 하자.

"완벽한 엄마가 아니라 대략 좋은 엄마가 되어 주세요!"

엄마가 행복해야 딸이 행복하다*

아이의 부족한 점이나 단점을 부정하고 없애려고 하는 게 아니라 일단 받아들이자.
지금 상황을 100점으로 보고, 세심하게 들어주고 안아주자.
그 순간부터 엄마도 아이도 행복해진다.

　육아 코칭을 시작하고 나서 여러 엄마들을 만났고, 다양한 육아 고민을 듣게 되었다. 나는 그 과정에서 모든 엄마가 육아에 성실하고 열심이라는 것을 느끼게 되었다. 게다가 엄마들은 '지금 육아로는 부족하다. 더욱 좋은 육아를 할 수 있을 것이다' 하고 다들 절실하게 생각하고 있다.

　실제로 직접 코칭 레슨을 받거나 육아 책을 탐독하는 등 아이와 육아에 관해서는 항상 진지하게 생각하는 모습들이었다. 그뿐만 아니라 아이의 발달이나 심리학, 커뮤니케이션에 관해서도 풍부한 지식과 정보를 보유하고 있고 다양한 시도를 하기도 한다.

그런데도 생각처럼 풀리지 않는 육아 때문에 고민하고, 스스로를 자책하고, 심지어 자기혐오에 빠지는 엄마가 적지 않았다.

"아이를 위해 내가 변하지 않으면 안 돼요!"

"매일매일 화만 내고 있어요. 아이가 불쌍해요."

"아이가 예쁘지 않은데, 나는 엄마로서 실격일까요?"

"머리로는 알지만 잘 안 돼요. 도대체 어떻게 하면 좋죠?"

이런 엄마에게 더 많은 노력이 필요할까? 더욱 공부하고, 노력하고, 스스로를 바꿔야 할까?

사람은 안정감이 없으면 변하지 못한다고 한다. 안심할 만한 곳이 있을 때 비로소 사람은 조금씩 멀리, 새로운 곳으로 보폭을 넓힐 수 있다.

작은 아이가 엄마라고 하는 '안심의 기지'를 확인하면서 조금씩 공원 멀리까지 아장아장 걸어가고, 새로운 친구들과 놀 수 있게 되는 것과 마찬가지다. 뭔가 예기치 않은 불안 요소를 만나면 급히 엄마에게 돌아와 안심한 뒤 이번엔 또 전보다 멀리까지 나가본다. 이와 마찬가지로 어른들에게도 '안심할 수 있는 기지'가 필요하다.

'육아에, 가사에, 혹은 회사 일까지 하느라 이제 한계야 한계'라고 푸념하는 엄마들에게 나는 "우선 필요한 것은 휴식. 그리고 엄마 자신의 이야기를 누군가 들어주고, 마음을 받아주는 체험이 필요하다"는 말을 자주 한다.

누군가 내 이야기를 충분히 들어주고 받아주면 마음이 한결 편해지고 여유가 생긴다. '아, 나는 꽤 열심히 살았구나' '꼭 실패만 한 것은 아니네' 하고 자신감이 생기고, 자긍심이 자라난다.

이렇게 됨으로써 비로소 일상의 육아도 조금 거리를 두고 지켜볼 수 있게 된다. 부모 자신의 자긍심이 결여되어 있는데, '아이를 있는 그대로 인정하고, 자긍심을 높여주자'고 아무리 애를 쓴들 무리일 것이다.

"지금 당신의 어깨에는 잔뜩 힘이 들어가 있지 않습니까?"

"미간에 주름을 짓고 무서운 얼굴을 하고 있지는 않습니까?"

그렇다면 큰 숨을 '후' 하고 내쉬고, 심신의 긴장을 풀어보자. 더 분발할 것이 아니라, 분발을 멈춰보자.

육아서를 읽는다고 해서 전부 그대로 따라할 수는 없다. 지금까지의 육아를 부정하고 모든 것을 바꾸는 것도 옳지 않다. 완벽을 지향하면 완벽하지 않은 것만 눈에 들어온다. 3장에도 썼듯이 '빛은 보지 않고 그림자만 보는' 잘못을 저지를 수 있다.

또한 자신이 분발하면 분발할수록 '나는 이렇게까지 노력했는데' 하고 그에 따라주지 않는 상대가 미워지고 용서되지 않는다.

'후~' 하고 힘을 빼고, 심호흡을 3번 해보자. 얼마나 '분발했는가'보다 얼마나 '즐거웠는가'가 포인트다. 엄마와 아이에게 얼마나 미소가 많아졌는가, 얼마나 행복한 시간이 길어졌는가.

이것을 육아 성공의 기준으로 삼아 보자.

아이가
내 인생의 목표가
되어서는 안 된다

코칭에서는 '결승점 설정'을 매우 중요하게 생각한다. 어디를 목표로 설정하는가 하는 것이 중요하다는 의미이다. 마라톤에서도 결승점이 없다면 어디로 달려야 할지 알 수 없다. 축구 역시 골대가 없다면 선수들은 이리저리 혼란스러울 것이다.

인생사도 마찬가지다. 매일 계속되는 육아, 혹은 인생이라고 하는 긴 마라톤에서 확실한 결승점 없이 달리는 것이 오히려 이상한 일이 아닐까.

"당신은 어떤 엄마가 되고 싶은가?"

이런 물음을 항상 자신에게 던지면 육아에서도 방향성을 찾을 수 있다. 곁길로 새지 않게 되는 것이다.

이때 착각하지 말아야 할 것이 있다. 이 결승점은 어디까지나 엄마 자신의 결승점이라는 점이다.

'아이는 장래 무엇이 되길 원하는가?' '아이는 장래 어떻게 살아야 할까?'와 같은 아이의 결승점은 아이가 선택해야 할 몫이다. 그러므로 엄마가 설정하는 목표는 어디까지나 엄마 자신을 주어로 하여 생각한다.

예를 들어 '배려심 많은 아이로 키우고 싶다'고 생각했다면 이를 위해 엄마가 할 수 있는 것을 여러 가지 생각해볼 수 있다.

'어떤 엄마라면 배려심 있는 아이로 키울 수 있을까?'

'아이를 매일 어떻게 대하면 배려심이 커질까?'

여기까지 생각을 넓혀 가다보면 지금 엄마가 할 수 있는 것, 해야 할 행동이 확실하게 보인다.

'하루 한 가지 좋은 일! 엄마 자신이 배려 있는 행동을 실천한다.'

'항상 아이의 마음을 상상하여 공감해준다.'

이런 식으로 생생한 이미지가 떠올라 이를 바로 구체적인 행동으로 연결할 수 있다. 그런 결승점이 좋은 결승점이다.

또한 막연하고 너무 넓은 결승점이라면 작고 구체적으로 만들어가는 것이 좋겠다. 일례로 '상냥한 엄마가 되고 싶다'는 큰 목표를 세웠다면 자신에게 다음과 같은 질문을 해보자.

'상냥한 엄마란 어떤 엄마일까?'

'아이를 항상 어떤 식으로 대할까?'

'외견은 어떤 느낌일까?'

그러면 다음과 같이 다양한 이미지가 나올 것이다.

'아이의 마음을 받아주는 엄마.'

'우선 이야기를 잘 들어준다.'

'항상 방긋방긋 웃는 얼굴.'

이런 구체적인 예가 '중간 결승점'이다. 이 정도까지 세세하게 되면 실제로 오늘부터 어떻게 행동해야 할지 확실하게 알 수 있다. 여기에 더 나아가서 '아이가 말을 걸어오면 우선 하던 일을 멈춘다' '거실과 주방에 거울을 두고 생각날 때마다 미소를 짓는다' 와 같이 지금 바로 할 수 있는 '작은 결승점'도 생길 것이다.

'인생의 결승점 설정'은 육아만이 아니라 여러 곳에서 활용된다. '이러이러한 부부관계를 만들고 싶다' '이렇게 바꾸고 싶다'는 생각을 하고 있다면 '그러기 위해 내가 해야 할 일'을 생각한다. 더 나아가 '어떤 아내가 되고 싶은가' 하는 항목에 대해서도 큰 결승점, 중간 결승점을 설정한다.

엄마의 인생 자체에 관한 결승점을 생각해보는 것도 좋겠다. 이것이야말로 바로 삶의 보람이며 일생의 과업이 될 것이다.

아이의 운명을 바꾼
엄마의 한마디

어떤 엄마가 되고 싶은가, 하는 물음을 대할 때 내게 항상 떠오르는 이미지가 있다. 오에 겐자부로가 처음으로 쓴 어린이를 위한 책으로, 자전적 요소가 강하다고 알려져 있는 《나의 나무 아래서》에 그려져 있는 엄마이다. 저자가 고열에 시달리며 생사를 오가던 때의 에피소드라고 한다.

고열로 멍한 의식 속에서 의사에게 "이제 가망이 없다"는 소리를 들은 오에 소년이 물었다.
"엄마, 나는 죽는 거예요?"

그러자 엄마는 이렇게 대답했다.

"만약 네가 죽어도 내가 또다시 낳아줄 테니까 괜찮아."

오에 소년은 다시 물었다.

"…하지만, 그 아이는 지금 죽어가는 나와는 다른 아이잖아요?"

이 말에 엄마는 이렇게 대답하였다.

"아니야, 같아. 네가 지금까지 보고 듣고 한 것, 그리고 읽은 것, 행동한 것, 이걸 모두 새로운 너에게 말해줄 거야. 그리고 지금 네가 알고 있는 말을 새로운 너도 말할 수 있게 되니까 두 아이는 완전히 같은 거지."

이 말을 들은 오에 소년은 이해가 되지 않았지만 그래도 왠지 마음이 편안해져서 깊은 잠에 빠질 수 있었고, 다음날 아침부터 회복이 되었다.

아이의 존재를 있는 그대로 받아들이고, 때로는 안정감과 자신감을 불어넣어주며 아이의 자아긍정성을 키운다. 이것이야말로 엄마의 가장 중요한 역할이 아닐까. 이 이야기를 읽고 나는 이렇게 느꼈다.

아이를 믿는 순간
많은 문제가 풀린다

　이 책에서는 반복해서 '아이를 믿는 것'에 대해 말하고 있다. 때로 그것은 매우 어렵게 느껴진다. 하지만 조금 발상을 바꿔보면 사실 의외로 간단한 것일 수 있다.

　고베의 클라이언트인 K씨는 코칭을 계기로 이런 생각을 하게 되었단다. 나와 K가 나눈 대화를 옮겨본다.

　6살인 장남 T는 웬일인지 유치원에 가기 싫어해서, 항상 아침이면 '간다 안 간다'로 한바탕 전쟁이 벌어진다. 그런데 이날 K씨는 조금 달랐다.

“그때가 이사를 한 주 정도 앞두고 있어 정신이 없고 완전히 지쳐 있었죠. 그런데 웬일인지 T가 보채지 않고 ‘엄마 다녀오겠습니다’ 하고 인사하더니 유치원을 가는 거예요.”

“기분 좋게 유치원을 갔군요. 평소와는 뭐가 달랐습니까?”

“이사 준비로 바쁘고 수면 부족이라 어쨌든 저는 정신이 멍하긴 했습니다.(웃음)”

“그렇군요. 그러면 멍한 것이 뭐가 좋았을까요?”

“음. 생각을 깊이 할 수 없어서 T가 무슨 말을 해도 감정적으로 되지 않고 ‘뭐, 괜찮겠지’ ‘어떻게든 되겠지’ 하는 마음이었던 것 같아요.”

“감정적으로 휘둘리지 않고 낙관적으로 받아들였다는 말이군요.”

“그래요. 왠지 ‘괜찮아, T라면 할 수 있어’라고 자연스럽게 생각하게 된 거죠. 분명 잘 가줄 것이라 믿을 수 있게 되었어요.”

“그때 그렇게 믿게 된 이유가 무엇일까요?”

“글쎄요, 뭐라고 할까? 머리를 쓰지 않으니까, 마음 저 깊은 곳에 있던 ‘괜찮아’ 하는 마음이 그대로 튀어나온 듯한 느낌이랄까요.”

“그러면 K씨의 마음 깊은 곳에는 T를 믿는 마음이 원래부터 있었다는 말이네요?”

"그래, 그래요. 신뢰는 있었어요. T라면 괜찮아, 하고 생각하였습니다."

"그걸 깨닫고 나니 어떻습니까?"

"새삼 알게 되니 기쁘네요. 그렇게 생각했다는 것이 엄마로서 자신감을 갖게 되는 것 같아요."

그런 큰 깨달음 뒤에 K씨는 동시에 '아이에 대한 신뢰가 묻혀 있었다'는 사실에도 눈을 떴다.

"마음 깊은 곳에서 'T는 괜찮아' 하고 생각하고 있으면서도 사람들이 뭐라 뭐라 하는 말을 들으면 자신이 없어졌어요. 그래서 아이를 다잡으며 어떻게든 해보려고 불필요한 일을 많이 벌인 것 같아요. 하지만 그것은 결국 좋은 엄마, 좋은 며느리로 보이고 싶은 저의 이기심일 뿐이지요. 말하자면 '나를 위해' 아이들을 바꾸려고 한 셈이에요. 사실 아이를 믿는다면 맡겨두면 돼요. 마음 깊은 곳에 있는 신뢰를 그저 믿기만 하면 되는 것이지요."

아이를 있는 그대로 인정하고, 받아들이고, 믿는 것.

'어쩌면 이미 당신의 마음 깊은 곳에서는 아이를 인정하고 믿고 있다. 그것이 보이지 않는 이유는 여러 가지 것들이 신뢰를 덮어

가리고 있거나 방해하고 있기 때문이다.'

　K처럼 이러한 사실을 깨닫는 것이 어쩌면 육아에 있어서 가장 큰 주제일 수 있다. 만약 그렇다면 당신이 해야 할 일은 단지 아이를 있는 그대로 받아주는 것이다.

내 아이를 있는 그대로
받아준다는 것

5년 전 처음 코칭에 입문했을 때는 '땡이와 콩이를 어떻게든 해 봐야겠다!'는 마음뿐이었다. 그런데 코치의 지원을 받아 조금씩 상황을 객관적으로 볼 수 있게 되고, 진짜 문제는 '아이의 투정'보다 '나 스스로가 감정에 휘둘려버리는 것'임을 깨달았다. 그 후 나 자신을 다시 직시하고, 아이들의 감정을 받아주기 위해 경청하려고 노력하게 되었다.

그런 날들이 지나자 땡이의 응석에 휘둘리는 일도 없어지고, 적당히 안정적으로 대응할 수 있게 되었다. 그러자 문득 이런 생각이 들었다.

"땡이에게서 떼쓰기를 빼버리면 더 이상 땡이가 아니야. 떼쓰기나 오빠와 싸움하는 것도 모두 통틀어 땡이야. 그리고 나는 그런 땡이가 정말 좋다."

이때 나는 비로소 땡이를 있는 그대로 받아들일 수 있게 되었다고 생각했다.

아이의 좋은 점이나, 부족한 점을 부정하여 없애는 것이 아니라 일단 받아들이고 거기에서 할 수 있는 것을 생각해 가는 것. 이런 식으로 마음을 가질 수 있다면 육아는 매우 쉬워진다.

이것도 안 돼, 저것도 안 돼 하고 감점을 해갈 것이 아니라, 일단 '지금까지는 100점'이라 하고, 여기서 더 좋아진 점이나 할 수 있는 것을 플러스하여 110점, 120점을 만들어간다.

도쿠시마에 사는 Y씨는 중증 지적장애를 가진 장남과 지적장애는 없지만 대인관계에 문제가 있는 아스페르거증후군인 차남, 그리고 장녀 해서 모두 세 아이를 두었다. 그녀는 코칭을 알게 됨으로써 자신의 육아방식이나 사고방식을 다시 돌아보게 되었고 지금은 직접 코치가 되어 장애아와 아스페르거증후군 아이를 가진 엄마들을 지원하는 활동을 벌이고 있다.

그녀는 예전 자신의 모습에 대해 이렇게 말했다.

"몇 년 전까지는 매년 칠석날마다 소원을 비는 종이에 '어떻게든 장남이 걸을 수 있게 되기를!' '조금이라도 말을 많이 할 수 있기를!' 하고 적고는 친구와 함께 많이 눈물을 흘렸습니다. 그런데 요사이 저는 충만한 기운이 넘쳐요. 특별히 아이들의 증상이 변한 게 없는데 말이죠. 상대가 변하지 않아도 나 자신이 바뀌는 것이 얼마나 엄청난 일인지 알게 되었습니다. 최근엔 소원을 비는 종이에 제 일만 쓰죠. 그것도 좀 우습죠?(웃음)"

한때는 '왜 나만…' 하고 절망하고, 심지어 눈물이 말라버리는 게 아닐까 싶을 정도로 슬픔에 빠져 있던 Y씨이지만, 지금은 '개성 넘치는 아이들을 자랑할 수 있을 정도로 건강해졌다'고 말한다.

육아 코칭의 최종 목표는 바로 여기에 있다.

'이 아이의 떼를 없앨 수 있다면.'

'더 ○○을 할 수 있게 된다면.'

이렇게 생각하면 끝이 없다. 우선은 현재 상황을 100점으로 보는 것에서부터 시작해보자. 이를 위해서는 아이를 세심히 보고, 세심히 들어주고, 자주 접촉하면서 받아들일 것. 그리고 엄마 자신도 스스로를 인정하고 함께 플러스알파를 목표로 나아가도록 하자.

“지금 이대로의 네가 좋다!”

“지금 이대로의 내가 좋다!”

이렇게 말할 수 있도록 말이다.

내 맘대로 안 되는 딸
당당한 리더로 키우는 법

초판 1쇄 인쇄_ 2009년 11월 6일
초판 1쇄 발행_ 2009년 11월 10일

지은이_ 가와이 미치코
옮긴이_ 송수영
펴낸이_ 명혜정
펴낸곳_ 도서출판 이아소

종이_ 대림지업
필름출력_ 소다미디어
인쇄_ 대원인쇄
제본_ 바다제책
코팅_ 서울코팅

등록번호_ 제311-2004-00014호
등록일자_ 2004년 4월 22일
주소_ 120-840 서울시 마포구 서교동 408-9번지 302호
전화_ (02)337-0446 팩스_ (02)337-0402

책값은 뒤표지에 있습니다.
ISBN 978-89-92131-22-3 03590

도서출판 이아소는 독자 여러분의 의견을 소중하게 생각합니다.
E-mail: m3520446@kornet.net

마음을 사로잡는 경청의 힘

포춘 500대 기업이 선택한 최강의 설득 지침서!

래리 바커 · 키티 왓슨 지음 | 윤정숙 옮김 | 값 10,000원

성공하는 사람과 그렇지 못한 사람의 대화 습관에는 뚜렷한 차이가 있다. 그 차이를 단 하나만 들라고 한다면, 나는 주저 없이 '경청하는 습관'을 들 것이다. 최강의 설득은 경청에서 시작된다!
– 스티븐 코비, 《성공하는 사람들의 7가지 습관》

20세기가 말하는 자의 시대였다면, 21세기는 경청하는 리더의 시대가 될 것이다.
– 톰 피터스, 《초우량기업의 조건》《미래를 경영하라》의 저자

협상, 그리고 프로젝트 매니저들이 결코 빠트리지 말아야 할 필독서!
– 클라이브 헤먼트, 화이자 제약 특허 및 개발담당 이사

단순하지만 강력한 부와 성공의 비밀
부자가 되려면 책상을 치워라!

SBS 스페셜 특종 보도! 성공하고 부자 되려면 청소를 하라!

마스다 마츠히로 지음 | 정락정 옮김 | 값 10,000원

시간을 낭비하는 자료와 편지는 4분의 1을 쓰레기통에 던져버려도 그 필요성을 깨닫지 못한다.
– 피터 드러커
부자의 책상과 빈자의 책상을 보라. 부자의 책상엔 절대로 너저분한 서류 더미가 없다.
– 성공학 강사, 브라이언 트레이시

원하는 것을 반드시 이루게 하는 계속하는 힘

45년 베테랑 CEO가 조급증에 빠진 젊은이에게 주는 진짜 인생의 지혜

유니참 CEO 다카하라 게이치로 지음 | 정락정 옮김 | 값 9,000원

젊은 인재들의 필독서! 꾸준한 사람은 무엇을 해도 성공한다. 영어, 기획안, 연애, 사업. 그 무엇이건 계속하는 힘을 가진 사람은 뭐가 됐든 결과를 만든다.
– 도요타 자동차 전 회장, 경단련 회장 오쿠다 히로시

'진정 성공한 삶이 어떤 것인가'라는 질문에 대한 우직하지만 명쾌한 해답! '계속하는 노력'은 단지 금전적인 성공을 넘어 삶을 가치 있게 만드는 힘이다.
– LG생활건강 CEO, 차석용

성공한 사람이나 그렇지 않은 사람이나 성공의 원칙을 알고 실천한다. 다만 성공한 사람들은 그것을 '계속하는 힘'을 갖고 있다. 꾸준함, 그것은 쉽게 좌절하고 현실에 안주하는 이 시대 젊은이들이 꼭 기억해야 할 성공의 원칙이다.
– 서울과학종합대학원 교수, 한근태